HORRIBLE SCIENCE

可怕的科学

经典数学系列

你真的会 ＋－×÷吗

THE ESSENTIAL Arithmetricks HOW to ＋－×÷

〔英〕卡佳坦·波斯基特/原著　〔英〕丹尼奥·波斯盖特/绘　曹飞/译

北京出版集团

北京少年儿童出版社

著作权合同登记号

图字:01-2009-4302

Text copyright ©Kjartan Poskitt 1999

Illustrations copyright © Daniel Postgate 1999

Cover illustrations copyright © Rob Davis 2008

图书在版编目（CIP）数据

你真的会 + − × ÷ 吗 /（英）波斯基特（Poskitt，K.）原著；（英）波斯盖特（Postgate，D.）绘；曹飞译．—2版．—北京：北京少年儿童出版社，2010.1（2025.3重印）

（可怕的科学·经典数学系列）

ISBN 978-7-5301-2342-3

Ⅰ.①你… Ⅱ.①波… ②波… ③曹… Ⅲ.①算术—少儿读物 Ⅳ.①O121-49

中国版本图书馆 CIP 数据核字（2009）第 181251 号

可怕的科学·经典数学系列

你真的会 + − × ÷ 吗

NI ZHEN DE HUI + − × ÷ MA

［英］卡佳坦·波斯基特　原著

［英］丹尼奥·波斯盖特　绘

曹　飞　译

*

北 京 出 版 集 团　出版
北京少年儿童出版社

（北京北三环中路6号）

邮政编码:100120

网　　址：www . bph . com . cn

北京少年儿童出版社发行

新 华 书 店 经 销

北京雁林吉兆印刷有限公司印刷

*

787 毫米×1092 毫米　16 开本　11 印张　50 千字

2010 年 1 月第 2 版　2025 年 3 月第 81 次印刷

ISBN 978 − 7 − 5301 − 2342 − 3

定价：25.00 元

如有印装质量问题，由本社负责调换

质量监督电话：010 − 58572171

目 录

什么是基础算术

每个人都可能是某一方面的大才子。但不管是魔术、烹饪，抑或是木工，我们都必须从基础开始，扎扎实实地练好基本功。

你确实是从基础开始的吗？

数学的基本功——加、减、乘、除——叫"算术"。懂得了这些运算的基本技巧，你就可能做任何事情——设计自己的太空火箭，构建传奇的商业帝国，拥有自己的摩天大厦，甚至发明人们从没想过的一个崭新的数。哇！但是，首先让我们看看基本技巧对于完全不同的学科——绘画，是多么地重要。

假设你想买荷兰艺术家梵高的《向日葵》，那你就

1

得挥手跟至少2500万英镑说拜拜，可能还不止这个数目！这是一幅了不起的油画！但是，从一开始，梵高就画出了这样的大师级作品吗？这当然不可能。和别人一样，他也必须从基础开始，学习基本知识。

首先，他要懂得下列重要常识……

▶ 不蘸颜料，画笔连一条道道也画不出。

▶ 固定纸而移动画笔，要比固定笔而移动纸容易得多。

然后，他必须了解下面这些更加复杂的技巧：

▶ 要画乡村的景色，天空应该在画布的上方，是蓝色的；青草在下方，是绿色的。

▶ 树要比花大，除非树离我们很远。即使远，树仍然更大，只是看起来小而已。

▶ 人有两只眼睛，中间还有一个鼻子（有趣的是，毕加索好像并不知道这一常识，但他的画居然和梵高的一样值钱）。

这里有几张梵高最初的图画：

当然，这只是开始。但如果没有开始，梵高绝不会成为后来

的大师。一切难以预料。如果梵高继续这种画法，说不定他就有
资格给"经典数学"做插图啦。

数学也是同样的道理。一开始，我们得学会数1－2－3，接着
学习加减乘除，进行各种运算，然后逐渐地才能学到精髓。

也许有人会写这么封信来问这个问题。

亲爱的"经典数学"作者：

　　我们有计算机，还有计算器，
为什么还要学习加减乘除，自己进行
各种运算呢？

安妮·乔特

嗯，如果梵高说：

我才不自找麻烦去画画呢。拍张照片就行了。

3

没人会花数百万英镑买张几朵小花的快照吧？

关于艺术我们就说到这儿。这本书将带你到一个完全不同的世界，它充满探险、发现、趣味、游戏、技巧和胜利。

不管你是体育明星、艺术家，还是流行歌手，有时你不免会怀疑拿到的工资数目不对。要想算清楚，最值得信赖的人还是自己，当然，前提是你要了解一些有魔力的数学。

那还等什么呢？

当然，也许你可以捏造个答案蒙混过关，或者求助于吃力的小电子器械，但是早晚都会暴露自己的缺陷。想成功地存活，并且晋升冠军之列，唯一可行的办法是学习……基础算术。

回归沙坑

刚上学时的课程不是很美好吗？不用学什么外语、历史、数学、自然之类的东西，我们只有玩沙子、讲故事、堆积木这样的课。不能总是玩沙子，毕业时也不考玩沙子，多么令人遗憾！

你可能还不知道，有魔力的数学无所不在，甚至能悄悄溜回"沙坑"。看下面：

你知道"3"的意思，那简直是不足挂齿的"小意思"。你一定认为每个人都知道"3"的意思。但是信不信由你，有人就不确信"3"到底是什么意思。

纯粹数学家……聪明还是蠢笨

你可能听说过，科学家发现物质是由微小的原子构成的。即使科学家发明出最聪明的电脑，造出最酷的汽车，他们还是不可避免地要用到原子，因为除了原子，没有别的原料。因此，科学家对原子非常感兴趣，他们花大气力研究原子，试图弄清楚原子是由什么构成的，提出原子是怎么形成的这一问题。他们甚至要问：为什么要有原子？是原子自己要存在吗？还是有人要求原子存在？

科学家会为这些古怪的问题而烦恼，真是让人想不明白。

数学家也好不到哪儿去。他们发明那些令人望而生畏的公式，计算行星、恒星的运动。不管怎样，他们都不可避免地要用到数字。就像有些科学家为原子烦恼一样，一些被称为"纯粹"数学家的人要为数字烦恼。这些人看起来完全正常，每天起床，吃玉米片，赶公交车上班，然后就坐在办公室里考虑"3是什么"。

好，我们再回到沙坑的问题。你穿着粉红的小灯笼裤，蹒跚着赶去，可是到了才发现，沙坑里已经满3人了。你是怎么知道的呢？因为和纯粹数学家不同，虽然小下巴上还滴着口水，但你知道"3"是什么。

听起来难以置信，但是你真的已经掌握了最初的那点有魅力的数学。

不幸的是，不合理的事发生了。又来了4个小孩，而且他们决定反规则，把你推到一边，冲进沙坑，加入已在其中的那3个小孩。怎么算出现在沙坑里一共有几个小孩呢？方法有两个：

▶ 可以一个一个地一直数到7，就像这样：1，2，3，4，5，6，7。

▶ 也可以从3开始数，每新来一个小孩就再加1：4，5，6，7。

你可能还看不出这两种方法有什么区别，但是数一大，区别就会明显得多。

假设沙坑里原有35个小孩，又来了4个。怎么算出沙坑里一共有几个小孩呢？

7

▶ 可以一个一个地数：1，2，3，4，5，6，7……哈欠连天，呼呼大睡，头撞桌面，疼痛难忍！咦，数到几了？

▶ 也可以从35开始数，每新来一个小孩就再加1：36，37，38，39。

这回你觉得哪种方法更简单呢？

妙处在这儿。开始学数数时，按顺序一个一个地数：1，2，3……然后你继续练习，数的数越来越大。这就是学习数数的方式，是吗？

让我们再去看看沙坑。你很庆幸没有进沙坑，因为现在里面有29 846 758个小孩。而且更让人难以置信的是，还有4个小孩要加入。怎么算出沙坑里一共有几个小孩呢？

▶ 可以一个一个地一直数到29 846 758。

▶ 也可以从29 846 758开始数，每新来一个小孩就再加1。

等等！你以前从没数到过29 846 758吧？（如果有，立刻放下书，寻求急救。）其实，你可能从来都没看过29 846 758这个数。那么你怎么知道它的意思呢？因为你了解数字系统，所以你能立即看懂一个数的意思。这也是数字要比语言有趣的原因之一。如果碰到以前从没见过的英文单词，如"yeblidoob" "tzoon" "glushjun"，它们到底是什么意思，你可能一点儿概念也没有。

而且，即便以前从没见过29 846 758，你仍能够继续往上数，因为你知道每次加1就可以了。虽然只是加1，也是加法，也就算是数学了。坦率地告诉我，有人教过你数数的时候每次加1吗？没有？那就是说你是完全靠自己做出这道算术题的啦！多聪明的孩子啊！

在探讨严肃的数字之前，你可能会奇怪，数数怎么会有魔力呢？为什么这本书说数学是有魔力的呢？好，让我们想象这样一个场景。闹钟刚刚响过，你微笑着从床上跳起来。"啦啦啦！"你一边穿衣服一边引吭高歌。可当伸手去拿袜子时，你突然发现它在地板上扭动了一下。

"哈哈！"衣橱上传来邪恶的笑声。原来是你的死敌魔鬼教授，他设了一个圈套，在等你上钩，是道极难的数学题。

　　"哈哈！"他又一声怪笑，"我在你的袜子里藏了13只有剧毒的蝎子！你能把它们怎么样呢？"

　　你不动声色，倒提起袜子，熟练地一甩。一群小东西啪啪地落在地板上，慌忙逃窜。你一个一个地数——一共有12只。

　　"这回穿上吧。"教授冷笑道。

　　"我想还没到时候！"你狡黠一笑。

　　又是灵巧的一甩，第13只蝎子被抛向了蹲踞在衣橱上的坏蛋。

　　"哎哟！"蝎子长长的尾巴刺进了教授的酒糟鼻，疼得他号啕不止。

　　"你计划得不错，魔鬼。"你一边说，一边若无其事地穿上袜子，"要不是因为一个小差错，你几乎成功了。你没有想到我会数数吧。"

　　你看，会数数也是一种魔法。QED。

QED是什么意思？

　　以后你就知道QED以及其他那些奇怪的词汇和符号是什么意思了。居然有些数叫奇数，我们现在就看看到底什么是奇数。

10

奇数

所谓奇数，就是说不是偶数。天哪！那什么是偶数呢？

偶数

所谓偶数，就是说不是奇数。这回你懂点了吗？

如果你还是不知道什么是奇数，什么是偶数，到电影院外站一会儿，观察一下为看一部令人垂泪不已的感情戏而在排长队的人们。可以用通常的办法数数有多少人在排队：1，2，3……

电影开始后，进去看看。黑暗里你只能辨认出一对又一对相约而来的观众。一个一个数就难了，但是，要是你肯两个两个地数，还是能数出到底有多少人的！你可以端着满满一大杯冰橙汁，穿梭在一排排的座位之间，努力不让橙汁洒在人家身上。绊着一对对观众的脚，你数着自己的数：2，4，6……

　　如果每人都有一起来的同伴，那么你数到的人数就是个偶数。偶数的末尾数字总是2，4，6，8或者0。（那么44、210、934、856都是偶数。）

　　如果数完所有的观众后，你突然发现邦高·麦克维斐先生一个人孤零零地坐在那儿，你就得在原来的数上再加1。这时，因为你又加上邦高先生这个孤零零而又奇怪的人，你得到的就是一个奇数。奇数的尾数总是1，3，5，7或者9。

　　但是，如果这时可爱的维罗妮卡·格姆弗洛斯恰好来了，坐在邦高先生旁边，和他凑成了一对，人数又变成了偶数。即使维罗妮卡小姐不跟邦高先生并排坐在一起，总数还是偶数，因为奇数加奇数是偶数。真是奇了，是吧？而且奇数加偶数，还是奇数。这就更奇了。

数数的魔术

下面这个简单的小魔术几乎能骗到所有人。问问上钩的人他们会不会数数。答案一定是肯定的。那么你可以问：

"快速作答——下面一个数字是什么：九千零九十六，九千零九十七，九千零九十八，九千零九十九？"

你先自己试试，现在就试。下一个数字是什么？

如果你的答案是"一万"，把这些数按顺序写在纸上。你答对了吗？正确答案应该是什么？（注意——第一个数可不是九千九百九十六！）

数数算是数学吗

答案是肯定的。但是你要有心理准备！你可能无法领会下面的内容，因为太简单了。

如果给纯粹数学家解释"3"的意思，最简明的方法就是一个一个地数到3——1，2，3！（但是当心啦！纯粹数学家可能会倒杯浓咖啡给你，邀你入座，问你"啊哈！但是，1和2是什么意思呢？""你怎么知道它们总是以这个顺序排列呢？"，他们甚至会问你"1的前面是什么数字"。他们人很好，可坦白地说，都很狂。）

数和阿拉伯数字有什么区别

进行下一步之前，我们得弄清这个问题。一共有10个不同的阿拉伯数字，它们是：1、2、3、4、5、6、7、8、9、0。阿拉伯数字组成数的方式，跟英文字母组成一个英文单词的方式几乎完全一样。

▶ 英文"trousers"是一个单词，但它有8个字母。

▶ 数字"4789"是一个数，但它包含4个阿拉伯数字。

当然，有些英文单词只有一个字母，比如，指自己的时候，你会说"I"。同样地，有些数只有一个阿拉伯数字——比如，你有几个鼻孔？答案是2。2是你的鼻孔数，只需一个阿拉伯数字就能表达这个数。这个阿拉伯数字顺理成章地就是2了。很奇妙吧？

阿拉伯数字还有一个比英文字母优越得多的大好处——很难写错。假设你在数数，37后面是什么数？答案是38。用阿拉伯字母一般不会写错。但是如果用英文字母，很容易就会犯可笑的错误：

14

THIRTEE ATE

THURTY AYT

FIRTY EIHGT

可怕的加法

不管是每次加1，还是把无数的天文数字加在一起，有一点是不变的……

> **只有同类事物才能相加。**

还要记住一个有用的规律……

> **各个加数的顺序可以打乱。**

例如，假设一开始你和4头大象一块儿洗澡，又跳进来2头，那你现在就和6头大象共享香浴了。反过来也是一样的。如果开始有2头大象和你一块儿洗澡，又来了4头，最后你还是和6头大象共浴。

15

哎哟！

用数字写出来就是：4+2等于2+4，结果都是6。顺便提一下，"经典数学"的好处之一就是，无论是它的哪部分内容，如果你不相信，都可以自己做实验验证一下。上面提到的这个例子屡试不爽。当然，自己验证的时候，你可能会碰到一点小麻烦——哪只大象的屁股坐到你香皂上面了？

同类事物相加的例子，我们就举到这儿。现在让我们假设，你有8只小狮子狗，要把它们放在已经装有4只鳄鱼的笼子里。

结果是什么呢？

▶ 12只鳄鱼？

▶ 12只狮子狗？

▶ 鳄鱼和狮子狗的混合，12只动物？

▶ 4只打着饱嗝儿，打算饭后小睡的鳄鱼？

我猜你已经明白了。

即便只是为了做加法，同类事物相加这条原则仍然适用。把下列数相加：324+61。

问题是你把非同类的事物相加了。看，够难的吧！

你不知道吧，其实你早就知道了

一条重要的信息……

一个数中的任何阿拉伯数字都代表不同类事物。

如果你会书写9以上的数，那么你已经掌握这条信息了，虽然你可能没有意识到这一点。为弄懂这条信息到底是什么意思，我们来看看两千零三这个数：2003。哪个阿拉伯数字代表的值更大呢？是"2"，还是"3"？当然，单就这两个数字本身而言，"3"比"2"大。但是，在2003这个数中，"2"其实代表的是2000，而"3"只代表3个个位的1（也可以说3个"1"，或者简单说"3"）。那我们怎么知道"2"在这里的值如此之大呢？这是由它所处的位置决定的，一个数中每个数字所占的位置叫数位。

幸好我们的维利"1"能帮忙解释一下。

嗨！我是维利。我独自一个人站在这儿的时候，我的值就是1。

现在我向左移了一位，这是十位，所以我现在的值是10。

等等，维利！我又怎么判断你是不是已经向左移了一位呢？你还是一个人站在那儿呀！

因为我旁边有个空位呀。瞧，这不是！

没有用！我们还是无法判断，那到底是空位还是白纸而已。

为了解决这个问题，我们善良的普斯盖特先生同意用0来表示一个空位。

维利，我们又帮你添了个零。

维利，谢谢你，你真棒。

好，现在让我们看一个帅气的大数字5 894 732。让我们来看看它的每个阿拉伯数字代表的值分别是多少：

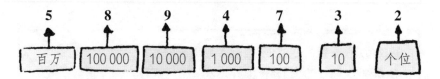

（顺便提一句，空一小格的作用是，帮助人们更快地辨认出一个大数字究竟是多少。它们告诉人们哪里是千位，哪里是百万位。如果你愿意，你可以不用空格，只写5894732，这种形式在做加法的时候使用起来更方便。）

这跟我有什么关系？

说了半天，我就是想告诉你：做加法的时候，不能像你那样，把所有的阿拉伯数字加在一块儿就了事了，因为每个阿拉伯数字代表的数值可是不一样的。事实上，如果你把这个大数拆开来，计算5+8+9+4+7+3+2，你得到的结果叫作"数根"。这简直就是浪费宝贵的大好时光。其实，你大可以用这些时间做些有趣又实用的计算，比方说，算算你有多少根头发，或者你从出生到现在一共吃过多少薯片。

让我们回头接着说那道加法题，看看到底该怎么做。写出来就是：324+61。为了区分不同数位的数字，通常用下面这种形式表达：

$$\begin{array}{r} 324 \\ +\quad 61 \\ \hline = \qquad\quad \\ \hline \end{array}$$

你会看到，个位跟个位对齐（这里的个位指的就是4和1），十位跟十位对齐。需要你做的只是把个位相加，结果是4+1=5。那么就在下面的答案栏内填5。然后把十位相加，结果是2+6=8，再把8填入答案栏。没有什么和百位上的3相加，那就直接落下来。答案出来了……

$$\begin{array}{r} 324 \\ +\quad 61 \\ \hline = \quad 385 \\ \hline \end{array}$$

还有另外一种方法。也可以把这两个数分别用各个位数的值来表示，然后再把这些值相加，那么324+61就变成了300+20+4+60+1。因为都是加法，可以调整各个加数的位置，变成300+20+60+4+1。然后把整百、整十和个位数分别相加。你现在得到的结果是300+80+5，再把它写成三位数的形式就是385。简单得要命吧。

你是不是觉得自己好聪明啊？那就试试这个……

天哪，他让我们同时做三个数的加法！没问题。其实，数学中，大概只有加法可以同时处理两个以上的数。更重要的是，大多数加法还给我们提供了一点儿意想不到的惊喜，在此之前，我们还没碰到这种情况。下面就是解题的方法……

首先，按照下面这种工整、清晰而又方便的格式书写各个加数：

$$
\begin{array}{r}
417 \\
+\ \ 48 \\
+\ 189 \\
\hline
= \\
\hline
\end{array}
$$

◀ 惊喜空格

为迎接这点儿意想不到的惊喜，我们需要一块空地，所以大多数人都在答案线的下面留一行空格。

开始吧！把个位数相加：7+8+9，结果是24。怎么样，够刺激吧！这个结果24既有个位4，也有十位2！把个位4填入答案栏。那十位2怎么办呢？不管你的愿望有多强烈，也不能让它凭空消失啊。事实上，得把它进到十位上去。

```
      417
  +    48
  +   189
  =     4
        2
```

在惊喜空格里填上进上来的数字。

　　看到了吗？我们在惊喜空格那儿用一个小2代表十位2，位置跟十位对齐。现在，把十位相加，别忘了刚刚进上来的十位2！1+4+8+2，结果为15。跟做个位的加法时一样，把5填入答案栏，但要把十位上的十位（实际上就是百位）进到百位上去，在惊喜空格的百位上填上小1。

```
      417
  +    48
  +   189
  =    54
       12
```

仍填在惊喜空格

　　这回该加百位了（记得进上来的1），4+1+1，结果是6。

```
      417
  +    48
  +   189
  =   654
       +2
```

得到答案后，如果你愿意，可以把进上来的数字都擦去。

好——做完了！休息一会儿，洗个澡，喝杯茶，放松一下。这种刺激偶尔爆发几次蛮有趣的，但是不要贪多，否则你要让父母和朋友担心了。

他被数学缠身了。

我们突然变聪明了

要记住，只有同类事物才能相加，看起来很长的数字其实也会变得很简单，甚至可以口算！试试10 003+5。只要把5加到那个大数的个位上去，就可以了。其他都不变。那么答案就是10 008。

那170 000+30 000呢？乍一看很难，但是仔细观察后，你就会发现，其实就是把17个一万和3个一万相加。只需要算出17+3结果是20。当然，这里的20指的是20个一万。写出来就是200 000。这个数字其实就是20万。

你可能会问，这么棒的书为什么要花大气力讲加法这么简单的问题。别忘了，不管是做数学题、还是做别的事情，首先弄懂简单问题是至关重要的。假设你梦想要在阿尔伯特大厅演奏拉赫玛尼诺夫的c小调钢琴协奏曲，如果不知道怎么打开钢琴盖，你就连机会都没有。

当然，对我们那些疯朋友——纯粹数学家——来说，并不存在简单的问题。他们花了几千年的时间才达成共识：任何数加零，结果还是这个数。换句话说，他们为终于算出5+0=5而感到无比自豪。愿上帝保佑这些可怜人。

你可能已经明白了，即使是做最简单的加法，也要：

把这些数竖着排列，各个位数对齐。

当然，个位对齐了，十位自然就对齐了，相应地百位、千位等也都对齐了。看看下面哪种排列做起加法来方便，你就明白这么做的好处何在了。

钱数相加，比较特别。比如，你徘徊在众多商店之间，考虑能买得起哪些圣诞礼物。这时，还是要把各钱数上下一一对齐。

$$3.50 \text{ 英镑}$$
$$28 \text{ 便士}$$
$$11.35 \text{ 英镑}$$
$$80 \text{ 便士}$$

注意，便士的个位和便士的个位对齐，便士的十位跟便士的十位对齐，英镑遵循同一原则。

加法的其他叫法

因为经常会用到加法，所以叫法也有很多：

▶ 将一组数相加。

▶ 求一组数的和。

▶ 算出一组数的总和。

最后，给你讲个你们老师从没讲过的小笑话：

拉尔夫的第一堂算术课

27

一些狡猾的符号

奇形怪状的家伙们

数学中有很多符号，它们告诉你做什么以及每件事的来龙去脉。让我们来看看到目前为止用过的符号。

是吗？那么，你注意到那些看不见的符号了吗？

算术的一项主要技能就是学会怎么应用、移动以及转换符号。让我们从最简单的开始，看看它们是怎么运算的。

= 等号

几乎所有的算术题都要用到等号。如果把算术题以下面的形式写成一行：28+4+9=41，就叫等式。等号直截了当，它的存在只是为了告诉我们，等号一边和另一边相等。

要把它解释清楚，我们得到公园去找个跷跷板。

假设等号就是跷跷板中间的支点，同时，假设左右两边完全一致。支点不会给任何一边增加重量。但是如果把它拿走，整个跷跷板就变成一堆没用的破烂儿了。同样，等号非常重要，虽然它什么也不做。

好，我们找点东西放在跷跷板的两端。最重要的是，两边放的数量要相等。

每边都有5只企鹅，所以正好平衡。这相当于下面这个等式：5=5。

要不要把这页的页脚折起，或做个其他的标志？一旦你觉得数学让你头昏脑涨，绝望得想放声大哭时，不妨翻开这一页，享受一下生命的乐趣，其实生活也不是那么痛苦嘛。

哦，不！2只企鹅摇摇摆摆走下了跷跷板。那么，现在其中一边只剩下3只了。

有没有注意到，跷跷板失去了平衡？很显然，这是因为5不等于3。这正好让我们用到了另一个符号。

≠不等号

这个符号恰好长得很像一边高一边低的跷跷板。（当然，这需要你把它侧过来看，还要加一点想象力。）这个符号可是帮你把所有数学作业做对的绝佳帮手：

$13+7 \neq 2$
$5+12 \neq 2$
$23+4 \neq 26$

$4+8 \neq 1$
$6+2 \neq 16$

老师可能会很生气，但重要的是没有一点错误！

如果你不大确信等式是否成立，下面这个符号也将会很有用。

≈ 约等号

如果在做较大数字加法的时候，你不想费事算出精确值，可以这样写：

246+65+687≈1000

这有点投机取巧，但是如果就事论事，这么写一点儿都没有错。以后讲到"粗略计算"的时候，你就知道这个符号到底有多好用了。

再接着说等号。前面提到的等式为什么不成立了呢？答案就在下面这条算术的基本原则内：

等式两边，要同等对待。

31

问题在于，两只企鹅离开了其中的一边，而另一边的企鹅都还在——也就是说，跷跷板的一边和另一边得到的待遇是不同的。要使跷跷板恢复平衡，我们有两个选择：加或减。

加法

哦。有一点小问题：猴子把企鹅吓跑了。不过没关系，数量没变。好，我们继续。一边有5只，另一边有3只，现在，在3只的一边加上2只。

　　一切又恢复了平衡。而且我们由此得到一个等式：5=3+2。令人兴奋的是，这里我们用了"+"号。

＋ 加号

　　加号告诉我们对它后面的数进行哪些操作。上面那个例子里，"+2"的意思是加上2只猴子。加号和等号不同的一点在于，加号确确实实要做一些事情，能够做事情的符号我们称为"运算符号"。有这样一条原则：

> **运算符号和紧跟在它后面的数字，不可分割。**

　　否则，你就不知道怎么办好了。比如，如果给你这样一个算术题：56+=，无计可施了吧？

减法

　　天哪，这回狮子把猴子赶跑了！和以前一样，一边有5只，另一边有3只，所以跷跷板两端不平衡。

这次，我们无法通过加两只狮子来恢复跷跷板的平衡了，而必须减去2只。

由此我们可以得到等式5-2=3。再次平衡。

一减号

这个小符号是"减号"。它所做的事和"加号"正好相反。"加号"让我们把各个东西凑在一起，而"减号"让我们把它们分开。减号也是运算符号，因此它后面也一定要有数字。在上面的等式中，减号告诉我们去掉2只狮子。

负数

首先要了解两点：

> 前面带加号的数，是正数。
>
> 前面带减号的数，是负数。

负数用来描述诸如借钱、退款等各种各样的事情。但是，目前我们只需要知道，如果把负数和正数放在一起，负数会使正数变小。下面有个简单的例子：

假设你是只蚂蚁，正和别的蚂蚁在地面上散步。可以用零来表示你在水平地面上的高度。

但是，如果你爬上某个垃圾桶，你离地面的高度就可能是1米。好极了，因为你可以伸出你瘦弱的蚂蚁腿，抓住垃圾桶的把手，丁零当啷地滚动起来，向别的蚂蚁挥手致意，得意地大喊，吓得它们魂魄出窍：

但不幸的是，你没有看前边的路。突然，垃圾桶（你还在上面）掉进了1米深的大坑。因为坑是向下凹的，而不是向上凸，可以用"-1米"来表示坑的深度。坑的1米深度是负值，减去你原来的+1米高度，那么你现在的高度又恢复到了零。

这可太糟糕了。既然你现在的高度又是零了，其他的蚂蚁都一起冲过来，要狠狠打你一顿，因为你刚才那样吓唬它们。不过，你领略了吧，数学真的很有魔力。

怎样让等式更漂亮

你的祖母桃瑞丝很喜欢把她的饰物移来移去，使她的壁炉架看起来更美。同样，你也可以把各个数在等式中移动位置，使等式更漂亮。

让我们来看看猴子的那个等式：5=3+2。

35

　　显然，2有个"+"，但是别的数呢？这就是诡异之处，它们都带着看不见的加号。

　　正如每个运算符号都离不开它后面的数，每个数也都离不开运算符号。如果你没发现一个数前面有符号，那你就尽可以认为它前面有个看不见的+。如果想让人们看到这些看不到的符号，可以这样写：+5=+3+2。但是，我们一般都想省点麻烦，不写出最前面的加号。

　　现在我们都认识这些运算符号了，就会很容易看出可以怎样移动各个数的位置。第一个窍门：

> **只要不移到等式的另一端，可以任意改变各个数的位置。**

　　也就是说，可以调换+3和+2的位置，结果是+5=+2+3。当然，如果你愿意，你可以隐藏最前端的加号，写成：5=2+3。

　　这回我们来看看关于狮子的那个等式：5-2=3。

　　能调换5和2的位置，得到2-5=3吗？不行，当然不行，因为这里我们忘了，运算符号离不开紧跟着它的那个数。减号不能和2分开。正确调换5和2的位置后，结果是-2+5=3。

你可能已经注意到了，5前面的隐形＋现在看得见了！另外，不能隐藏－，否则就没法判断究竟是隐形的＋还是隐形的－，抑或是爪哇星球跑来的隐形神秘符号。

现在，让我们看看关于猴子和狮子的等式。

能看出它们之间有什么不同吗？

对，数字2移到了等式的另一边，而且它前面的符号从加号变成了减号。这是因为我们对等式两边施与了相同的待遇。

下面就是变化的过程。原等式为：5=3+2。在等式的每一边都减去2，得到：5-2=3+2-2。

准备好了，现在我有个好消息要公布……

瞧，上面那个等式的末尾是+2-2。这种情况总是能让数学家们兴奋不已，因为很明显，2减去2结果是零，那我们大可以将其划掉，不予理睬。这叫抵消，结果是5-2=3。

用简单的语言表达，上面我们谈到的这些，可以归结为下面这个法则，它适用于所有简单等式……

> 如果改变一个数的正负号，就可以把它移到等式的另一侧。（也就是说+变成−，−变成+。）

还有一点也很重要。首先让我们再回到跷跷板那儿。

嗯——这个奇异的等式好像可以成立，因为跷跷板是平衡的。哎哟，不好！兀鹰飞走了……

有趣的是，跷跷板仍然是平衡的，因为每边都少了一只兀鹰。如我以前所说，只要同等对待等式两边，就没有问题。

这回，等式两边的每只动物都要调换位置。

最后，它们都到了另一边。

看，跷跷板又恢复了平衡，这个现象证明了下面这一点：

> **如果你愿意，可以让等式的两边交换位置。**

哦，不！一只大象也想加入。应该把它放在哪儿呢？别忘了，我们得同等对待等式的两端。

正确的顺序

一会儿，我们将看到一个丑陋的等式，我们将通过数学运算将其美化。但是在此之前，先解决你一直疑惑的一个问题。假设你要做这道算术题：11-4+5=？

也许你认为解这道题有两种方法。

▶ 先用11减去4（得7），然后再加5，结果是12。

或者

▶ 先把5和4相加（得9），然后用11来减，结果是2。

很明显，这两种方法不可能同时都是正确的，那哪个正确呢？

其实第一种方法是正确的。看看下面这个题为《借橡皮》的小故事，你就明白为什么了。

如果要做下面这道算术题：

$$12-7-1+5-3+1=?$$

从左向右依次计算，就不会出错。这么做，其实就是在做一系列的简单算术题：12-7=5，5-1=4，4+5=9，9-3=6，然后是6+1=7。

有时，你会遇到类似这样难缠的小题：

$$4-7-1+9=?$$

要解这道题，依照上道题的方法，首先应该从4-7=-3开始。下一个算式为-3-1=？，呃，结果是-4还是-2呢？这样考虑吧：还假设你是一只蚂蚁，其他蚂蚁把你抛进了一个3米深的大坑（你现在离地面的高度是3米）。你在坑底徘徊，突然又掉进了坑底的另一个坑，这个新坑的深度是1米。现在你所处地点的深度是多少？对，你现在所处地点的深度是4米，所以你离地面的高度是-4米。

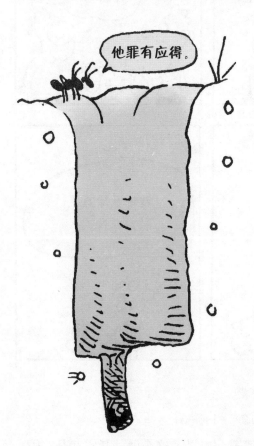

他罪有应得。

也就是说，-3加上-1得-4。

负数相加很麻烦吧？幸运的是，有时可以把正数移到算术式的最前面，以避免负数相加。做上面那道题时，可以先将其变成：

$$4+9-7-1=?$$

数学就学到这儿。逮两个朋友，现在我们来做个游戏……

如果你已经掌握了较小数字加减法的基本要领，挑战一下下面的游戏。

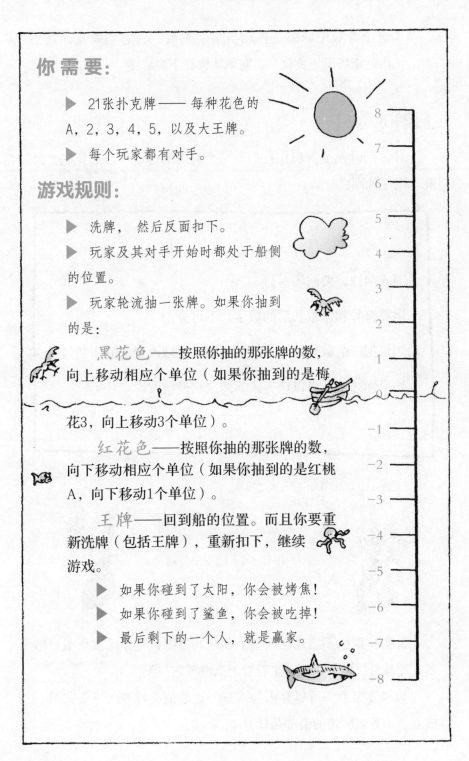

你需要:

▶ 21张扑克牌—— 每种花色的

A, 2, 3, 4, 5, 以及大王牌。

▶ 每个玩家都有对手。

游戏规则:

▶ 洗牌，然后反面扣下。

▶ 玩家及其对手开始时都处于船侧
的位置。

▶ 玩家轮流抽一张牌。如果你抽到
的是：

黑花色——按照你抽的那张牌的数，
向上移动相应个单位（如果你抽到的是梅

花3，向上移动3个单位）。

红花色——按照你抽的那张牌的数，
向下移动相应个单位（如果你抽到的是红桃
A，向下移动1个单位）。

王牌——回到船的位置。而且你要重
新洗牌（包括王牌），重新扣下，继续
游戏。

▶ 如果你碰到了太阳，你会被烤焦！

▶ 如果你碰到了鲨鱼，你会被吃掉！

▶ 最后剩下的一个人，就是赢家。

43

（这个游戏中的黑花色相当于"正数"，它们能让你往上走。红花色相当于"负数"，它们让你往下走。）

丑陋的等式

好，到时候了。现在我们看一个丑陋的等式，然后让它变漂亮。记住规则：

等式两边，要同等对待。

运算符号和紧跟其后的数字，不可分割。

如果把一个数移到等式的另一侧，必须改变它的正负号。

如果你愿意，可以让等式的两边交换位置。

注意了，丑陋的等式来了：

$$5+7-10+12+1=11-6+5-1+6$$

天哪！谁也不愿意在晚会上和它共舞吧！这个等式里数目繁多，加减号纵横。让我们来看看怎么清理它一下。

如果你愿意，可以算出等式每一边的值，检查一下等式是否成立。（等式两边的值都是15。）

但是，在计算每一边的总值之前，对其进行简化会更有趣，等式看起来会更漂亮，算起来也要容易得多。首先，在等式同一边，各个数字可以交换位置。但不要忘了，这些数字要和他们前面的正负号一块儿移动。

$$12+1+5+7-10=11+5+6-6-1$$

6和-6相互抵消后，算术式就简单了一些。

6-6=0

等等，还有别的好消息……

没错！庆祝一下吧。因为我们在等式的一侧，+6和-6挪到了一块儿，它们相互抵消了。

$$12+1+5+7-10=11+5-1$$

棒极了！看起来已经简单多了。

然后，你会注意到，等式的两端都有一个+5。既然可以同样对待等式的两边，我们将在一边减去一个+5，在另一边也减去一个+5。

$$12+1+7-10=11-1$$

再次欢呼吧！

也许你注意到了，等式的一边有个+1，另一边有个-1，可以把它们直接消掉吗？很遗憾，不能这样做。如果它们处于等式的同一侧，就可以相互抵消。没关系，下面我们把其中之一挪到等式另一侧（别忘了改变它前面的符号），得到：

$$12+1+1+7-10=11$$

接下来你想怎么计算呢？如果你讨厌减号，就把10挪到另一端，得到：

$$12+1+1+7=11+10$$

有些人喜欢让等式的一端等于0。这道题中，只要把11挪到等式左侧就行了，等式右边什么都没有了。不要空着右边，否则就变成了这种形式：

$$12+1+1+7-10-11=$$

要是有人看到你写了这样的一个等式，他们一定会误以为，你写等式太激动，没写完就冲向洗手间了。像毕达哥拉斯、欧几里得、费马、欧拉等这些数学家遇到这种情况都会添上一个"0"：

$$12+1+1+7-10-11=0$$

不管怎么操作你的等式，只要遵守规则，它们都永远成立。检验一下我们美化过的等式，你会发现它们全部成立。

毒 药

天哪！庆幸你了解了这些规则吧！因为一条凶猛的北极双头冰毒蛇刚刚咬了你一口。

你的血液慢慢开始凝固，但是，在你面前的柜橱上排放着几瓶由数学题制作而成的解药，它们全是这个算术式的变体：

$$3909+178-1419=6077-3425+16$$

其中3个瓶子上的等式是正确的，而另一个就是致命的毒药！你没有足够的时间解出每道算术题，但是依照我们讲过的规则，你可以改变原等式的形式。能看出哪些是正确的吗？这样，你就能成功找出等式错误的那个瓶子，避免误服毒药！

好吧，符号和等式就说到这儿。因为已经有新的并且有点难缠的内容溜了进来。你注意到了吗？又是它：

$$-$$

它看起来很无辜的样子，但是如果将它放大几百万倍，就露出了这样的真面目：

不错，一只挺难缠的小东西。但是，不用怕。几个聪明的算术窍门就能把它摆平。所以，一定要继续啊……

令人作呕的减法

下面这条规则既适合加法，也适合减法：

> **只有同类事物才能相减。**

如果你冰箱里只有6品脱牛奶，你无法拿走1块奶酪。（除非是冰箱坏了，而且牛奶也放在那儿几个月了——不过，那就变成可怕的科学问题了，忽略不计。）

把你那本《要命的数学》拿过来！

一会儿你就明白这一规则的重要性了。但首先，让我们放松一下，来看看……

非常简单的减法

和简单的加法原理一致。还记得以前我们算过的题吗？沙坑里原来有35人，又来了4个，要算出现在一共有多少人，每来1个就增加1：36，37，38，39。简单的减法，也可以如法炮制。

假设沙坑里原有51个小孩，其中5个挖出了石头。

他们立即大喊："嘿！我们找到5块石头！"然后，5人匆匆掉头去找粉笔，他们要为晚会制作一个精美的桌上饰品。

问题是，沙坑里现在还剩下多少小孩？他们可能正在努力寻找更多石头。这道题就是：51-5=？要求出答案，只需要每挖出一块石头就往回数1个数。从51开始，第1个小孩离开时，往回数1个数，变成50。其他人离开时，再继续往回数，依次为49，48，47，最后得到答案46。

有42个小孩都挖到走了，那么有几个孩子还在挖呢？

原来有46个小孩，42个走了，那么列出算术式就是：46-42=？要求出答案，可以从46开始往回数42个数。但是既然我们知道怎样移动等式中各项的位置，就可以想出更简便的方法。我们不用46-42=？，而把42挪到另一边，将等式变成加法：46=42+？

这就相当于，从42再往上数几个数到46？很简单，只要一个一个往后数，43，44，45，然后就是46了。我们往后数了4个数。那么就有这么多的孩子变成还需要继续找石头。

当然，只有在其中一个数目很小的时候，才能用数数的办法。如果要做这样的题，该怎么办呢：81-48=？

这就数不过来了，尤其是如果你再用掰手指的办法。你可能需要脱掉袜子，把脚趾也用上，甚至要借别人的手指和脚趾一用。

　　如果是在超市这类地方，这种方法会令人很难堪。看看我们能不能利用常识来解决这个问题。首先，把等式变成81=48+?会更方便。不需要真的写下来，只需在心里想："48加上什么数能得81呢？"可以分成简单的几个步骤来求解。

　　首先，可以这么想：

48+2=50　　　　　　　　　　←这里，你加了2。

　　然后：

50+30=80　　　　　　　　　←这次又加了30。

　　最后：

80+1=81　　　　　　　　　　←再次加了1。

　　那么，一共加上了多少呢？

　　应该是2+30+1，结果是33。答案就是它。81－48=33。经过一番练习，你就能心算这样的算术题。

　　你会发现，较大数字的减法跟较大数字的加法原理是一样的。试试459-312=?

　　如我们上面说过的，只有同类事物才能相减。因此，首先我们只对个位数进行运算，结果是9-2=7。然后做十位，得到5-1=4。最后是百位，4-3=1。合在一起（以正确的顺序），得到答案147。这个太简单了，解解这道：371-4=?

　　这道题简单，但要正确求解，首先求个位，得到1-4=－3，哦，天哪！其实，我们需要从371借10，1就变成了11，然后再减去4。然而，该到哪儿去借10呢？

有趣的是，如果去这个地方，你就能找到地方借：

城市：美国伊利诺伊州芝加哥市

地点：上主街，卢伊阁餐厅

日期：1926年8月28日

时间：晚上9：45

卢伊阁边擦汗边重新核查表单。怎么回事？两个敌对的黑帮家族都在今晚订餐。加百利埃尼斯家的人已经在老地方坐了两个多小时，就在洗手间门旁（如果警察赶到，这是从后窗逃跑的有利位置）。巴齐里斯家的人随时都可能到达，一场打斗不可避免，将害得餐厅几个月不能营业。

卢伊阁用胳膊肘碰了碰服务生贝尼，意味深长地轻叩着手表。加百利埃尼斯家的4个人正趴在脏兮兮的布丁盘上。贝尼心领神会，紧张地走过来。

53

"先生们，我去帮您拿外衣？"他说。

"你在赶我们走？"加百利埃尼斯家的冷笑先生怒喝道。

"不，不，不是！"贝尼结结巴巴地说，"只是，因为我要打扫了。"

"但是你要等等。"被称为链锯的查理冷笑道，"你要习惯等待，服务生，难道不是吗？"

一阵哄笑。

"你在等待的过程中，给我们再拿些面包棍。"数字先生指着桌上的空篮子说道。

柜台后面的卢伊阁看到贝尼慌张地朝他走来。卢伊阁叹了口气。加百利埃尼斯家人来之前，他有5箱面包棍。他们吃了太多，都让他开始关心还剩下多少了。

"呀！"卢伊阁长叹道，"现在黑帮整天就干这个？吃面包棍？"

"我们就剩下柜台上的那一个面包棍了吗？"贝尼问。

"还不是。"卢伊阁翻开笔记本，核查了一下数目：

箱	包	个
3	7	1

"还好记录得很清楚。"卢伊阁说，"每包有10个面包棍，每箱有10包。容易得出，一共还剩371个面包棍。"

"好，"贝尼说，"只是很快就将不是371个了，因为他们还要一些。"

"再给一个，"卢伊阁愤怒地说，"每人一个，不能再给了。巴齐里斯家人随时就到，我们可不想加百利埃尼斯家人还待在这儿没完没了地吃面包棍。"

"每人一个，就是4个，我得送过去。"贝尼说，"但是，就剩1个了，怎么办呢？"

"那就再打开一包新的，"卢伊阁说，"原来7包，现在只剩下6包了。"

贝尼打开一包新的，把10个面包棍倒在那根旁边。

"10加1，得11。"贝尼说，"可很快就不是11个了，因为我要拿走4个。"

贝尼走了，卢伊阁数了数柜台上剩下的面包棍。

"剩7个。"他叹息道，在笔记本上记下新数据。

箱	包	个
3	7	1

（贝尼拿走4个）

箱	包	个
3	6	7

"嗯，很好！"卢伊阁低声自语道，"371减去4，得367。哈！我甚至可以算出他们一共吃了多少。原来我有5箱面包棍，一箱10包，一包10个，只要减去367……"

但是，突然，门一声巨响，打断了卢伊阁的思路。走进来两个人。

"哦，不，他们到了！"卢伊阁大吃一惊，弓下身子藏到了柜台底下。

"很高兴见到你，卢伊阁！"刀刃·巴齐里斯冷笑道，"嗨，贝尼，你得清理一下这里。我们的座位上满是垃圾。"

"我先把你清理出去，小阿飞。"链锯跳起来怒吼道。

"你是在和我兄弟说话吗？"只有一个手指的吉姆说，"你要胆敢碰他一指头……"

"……那你就碰我一指头？"链锯咯咯笑道，"承认吧。你也就能碰我一指头。因为你只有一个手指。"

"你等着瞧。"刀刃说，"无论做什么，我们都比你们加百利埃尼斯家人强。"

"是吗？"桌旁的人齐声道。

"不错。我们打人更厉害……"

"但是，我打赌你们吃面包棍不会更厉害。"贝尼嘟囔道。

"你说什么？"刀刃问。

"嗯……就是这些面包棍，"贝尼结结巴巴地答道，"他们吃得可真多。"

"不错，因为我们是吃面包棍能手。"加百利埃尼斯的"黄鼠狼"先生吹嘘道。

"把他们枪毙了怎么样？"吉姆说。

"不，等等，"刀刃说，"那有点无趣。"

"不错，而且还会疼。"冷笑先生小声说。

所有人都点了点头。至少在这一点上，他们意见一致，那就是被子弹射中会很疼。

"那比吃面包棍怎么样？"吉姆问。

"算了吧，"黄鼠狼先生说，"我们已经坐在这儿吃了一晚上了，你们不可能比我们吃得多。"

刀刃轻轻一笑："哦，是吗？你们忘了我们还有一个秘密武器吧。"

正说着，一个巨大的人影晃过窗口，一个大肚腩出现在门口。

"不好意思，我们的老弟刚才去停车了。""刀刃"解释说，"进来，胖儿。"

巴齐里斯家的胖老三走了进来——他不是马上就进来了，而是先侧过身子，然后慢慢地挤进门框。

"有人在说面包棍吗？"他咧嘴笑道。

"哼，这不公平！"冷笑先生抱怨道。

"他看起来像6个人的胃口。"数字先生嘟嘟囔囔地说。

"我们3个对你们4个——你们还是不行？"刀刃讥讽着说。

4个加百利埃尼斯家人同时狠咽了一口唾沫，声音听起来很好笑，但是没人发笑。

"因为，"刀刃先生继续道，"为让比试更有趣，如果我们赢了，你们今晚替我们的晚餐付账，怎么样？"

"没问题，"黄鼠狼先生犹豫地说，"如果你们输了，你们替我们结账。"

刀刃先生打了个响指，表示赞同。

"贝尼，拿面包棍来，"他说，"往这儿拿，边拿边数着。到底谁是这里的强者，很快就见分晓。"

贝尼走向柜台。卢伊阁长出了一口气。白给面包棍也比修理门窗家具便宜多了。

几个小时后，一声巨大的闷响震动了百叶窗。

嗝……

刀刃先生惊醒过来，抬起头。在他四周，大多数人都俯身趴着，鼾声如雷。只有胖老三和卢伊阁好像一直都醒着。

"咳，胖老三，"刀刃打着哈欠，"你终于吃完了？"

胖老三眨了眨眼，笑了。几块小面包渣从他的下巴上掉了下来。

"比分是多少，卢伊阁？"刀刃问。

卢伊阁看了看笔记。

"嗯，今晚，最开始我有500个面包棍。他们吃完之后，还剩367个。我算出他们一共吃了133个。"

"天哪！"吉姆倒吸了一口冷气，坐直身子，伸了个大懒腰，挠了挠头说道，"没想到我们的对手这么强。那我们总共吃了多少？"

"嗯，"卢伊阁说，"现在还剩下2箱3包零5个，也就是235个。用367减去它，就是你们的得分。"

"好了，好了！"刀刃不满地说，"别再做数学题了。谁付钱，我们还是他们？"

卢伊阁算了一下，又检查了一遍。

"是这样的，刀刃先生，"他满怀歉意地说，"他们还都在睡觉，也许你们还能吃几个？"

"为什么？"刀刃问，问完突然意识到卢伊阁的意思，"你是说吃面包棍他们赢了我们？"

卢伊阁紧张地点了点头。

"他们都还没醒，"卢伊阁说，"你们只吃了132个，但是如果你想我这么做的话，我可以撒谎。"

"不，"刀刃慢慢地摇了摇头，"你是个好人，卢伊阁。你是个受尊敬的人。我不能要求你撒谎。让你撒谎就太过分了。拿着，这是钱。我和我兄弟会悄悄起身，偷偷走掉。我可不想看他们当面嘲笑我们。"

望着巴齐里斯家的三兄弟静静走出去，消失在街道的尽头，卢伊阁惊呆了。

咳！真丢脸！

"看呢，贝尼！"他摇着服务生的肩膀，在他眼前晃着那沓钱，"刀刃付钱了！"

贝尼醒了过来，这时4个面包棍从他怀里掉了出来。

"什么事儿？"他揉着眼睛问。但是卢伊阁正盯着地板。

"别问什么事儿！"卢伊阁惊异地问道，"那是什么？"

"你说这个？"贝尼反问道，"啊，这个呀！这是我拿过来要给加百利埃尼斯家人的那四个面包棍。可是看情形，他们好像并没有拿到。"

"他们没拿到！"卢伊阁倒吸了一口气，"哇！"

"没拿到什么？"冷笑先生一边坐直身板，一边拉长调子问道。

"你们没拿到后来又叫的面包棍。"卢伊阁答道。

"面包棍？"黄鼠狼揉着眼睛问，"你倒提醒了我，谁赢了？"

"嗯，"卢伊阁说，"他们吃了132个，你们要了133……"

"好！"链锯说。

"……但是，你们并没吃这4个，所以不算数！"

"133减去4是129，"卢伊阁说，"你们只吃了129个。"

"你说……他们赢了我们？"冷笑先生吃惊地问。

"嘘！……"黄鼠狼先生说，"少提为妙，卢伊阁，这些钱够付账了。走吧，哥们儿，快跑吧。"

他们走了，门关上了。

"到底是怎么回事儿？"贝尼问。

"减法！"卢伊阁咧嘴笑着，挥舞着两沓钞票，"知道吗？我喜欢！"

减法很棒

减法能帮你在买东西的时候，检查找回的钱数是否正确。例如，你买了一罐价值3.79英镑的"毛毛虫"糖，付了5英镑，应该找你多少钱呢？

付款	5.00
价格	3.79
找零	1.21

记住，跟做加法的时候一样，各个数字要上下对齐。

减法也可以验算。把下面两个数相加，看等不等于上面的数。此例中，求1.21英镑+3.79英镑，希望结果是5英镑。

减法的读法

看这个算式：15-9=？可以读作15减去9，但是还有很多其他选择：

▶ 15减9。

▶ 求15和9的差。

▶ 15比9多几。

▶ 9比15少几。

解　密

加法和减法用途广泛，其中之一就是用来发送加密信息。首先，写出你要发送的信息，然后再用数码代替每个字母。最简单的替代方法如下：

A	B	C	D	E	F	G
1	2	3	4	5	6	7
H	I	J	K	L	M	N
8	9	10	11	12	13	14
O	P	Q	R	S	T	U
15	16	17	18	19	20	21
V	W	X	Y	Z		
22	23	24	25	26		

假设你想说"Hello Granny"，替代后的结果将是：

8　5　12　12　15　7　18　1　14　14　25

（写密码的时候，一般忽略空格。）

给你的信息加密，要用到加法，还需要一个关键数字。这个关键数字可以由你随意选，但是一定要告知收信息的人。

假设这条信息的关键数字是11。

这里把关键数字写在数码信息前：

| 11 | 8 | 5 | 12 | 12 | 15 | 7 | 18 | 1 | 14 | 14 | 25 |

然后把每个数字与它前面的数字相加。那么此例中，你要发送的信息用数码表示就是11+8=19，8+5=13，然后是5+12=17，依此类推。那么加过密的待发信息就是：

| 19 | 13 | 17 | 24 | 27 | 22 | 25 | 19 | 15 | 28 | 39 |

如果不知道关键数字，很难解开这里的密码！（如果打乱每个数字所代表的字母的顺序，解起来就更加难了，比如A=13，B=7，等等。但是要记住，如果打乱了，一定要告知接收者数字和字母的对应关系。）

要给这条信息解密，可以把关键数字写在加密信息中第一个字母的下方，然后进行减法运算（这里就是19-11=8）。再用得到的结果作为第二个字母的减数（这里是13-8=5），依此类推。

$$19 \quad 13 \quad 17 \quad 24 \quad 27 \quad 22 \quad 25 \quad 19 \quad 15 \quad 28 \quad 39$$
$$- \quad 11 \quad\ 8 \quad\ 5 \quad 12$$
$$= \quad\ \ 8 \quad\ 5 \quad 12 \cdots\cdots$$

最下面那行数字就是解密的结果，也就是原数码信息！

注意，只能把关键数字告诉接收信息的人。甚至可以制定一个规则，使得关键数字能够不断更新。比如把每月中的日期作为关键数字——这样，关键数字每天都不一样。

稍后，这本书上有一个笑话，我们给它加了密。

为保证安全，你得自己猜这里的关键数字，然后解密——看，这个笑话够可以的吧。

好，到了迎接好消息的时候了！

至今为止，这本书一直在讲加法、减法。你可能觉得太简单，不屑一顾。但是令人吃惊的是：

几乎所有的运算都可以完全用加法和减法实现。

听起来不可思议，却是事实。当然，也许你要问，既然如此，还学别的干吗？理由是，这本书讲到的其他运算方法都是捷径。譬如，你确实可以完全用加法和减法来计算下面这道可怕的算式：

$$235\ 894 \times 4388 \div 974 = ?$$

但是如果这样，要算出最后结果，可能要花几个月的时间，耗费能铺遍牙买加那么多的纸张，并把你逼疯。这就是为什么你需要下点功夫来攻克……

可怕的乘法表

下面你会看到老师们试图让乘法表变得有趣而使用的各种各样的方法。学习乘法表有多可怕，由此可见一斑。这是古时候的方法：

三五十五
四五二十
五五二十五

下面是今天在用的一些方法：

矫揉造作

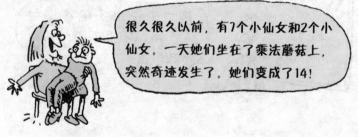

很久很久以前，有7个小仙女和2个小仙女。一天她们坐在了乘法蘑菇上，突然奇迹发生了。她们变成了14！

歌舞

6乘以7，等于42。啊，宝贝，来来来，跟我唱乘法布鲁斯。

67

分享

我有3个袋子，每袋装有9块糖。如果全都给你，那你一共会有多少块糖呢？

套近乎

好，孩子们，6乘以7后，你们得到了多少呢？

竞争

68

$4 \times 7 =$

第一个说出正确答案的人，可以不上下周一的两节数学课。

催眠

醒来时你会发现，7乘以8居然等于56。

伤感

逃避

猜猜他们还能想出什么新招！但是，如果可能的话，还是尽量学会喜欢它吧。这只是老师们不得不经历的一个时期而已。不久以后，一个高度发达的外星文化将会横穿宇宙，到达地球。高明的教学方法，将是他们带给我们的众多恩惠中的一项。看起来差不多就是这样：

言归正传

心算简单的乘法、除法，只需记住乘法表就够了。如我们以前所说，如果你愿意，可以完全用加法和减法解决这类算术题。但这么做有点儿不痛快。看……

6位女士每人吃9块蛋糕。她们一共吃了多少蛋糕？

▶ 用加法。每位女士有9块蛋糕，那么可以将6个9相加，也就是9+9+9+9+9+9，结果是54块蛋糕。有点儿枯燥，是吧？

我不觉得枯燥！

有人要加点儿吗？

▶ 如果你愿意，也可以换另一种方式来加。假设第一次每位女士吃了一块蛋糕——一共6块。然后每人又吃了一块——又是6块。继续……

那么，这回是将9个6相加，也就是6+6+6+6+6+6+6+6+6，结果是54。更枯燥吧。

▶ 应用乘法表一下就可以搞定：6×9=54。依照你自己的爱好，你也可以反过来这样做：9×6=54。不管是前者还是后者，都要简单明了得多，不是吗？

这就是乘法。如果乘法表背好了，还可以倒过来用，那就是除法。

6位女士一起奔向54块蛋糕，每人能分到几块呢？首先，我们来用减法做：

原来有54块蛋糕，每位女士分一块——一共少了6块。还剩下多少呢？54-6=48

现在有48块蛋糕，每位女士再分一块——再减去6块。48-6=42

现在还有42块蛋糕，每位女士再分一块……哦，天哪，太无趣了吧？我们换种方法。

一旦你掌握了乘法表，生活就简单多了。一看到54这个数，你的大脑中就仿佛响起了一串铃声。

这回，嗅两下，再抹一下嘴巴，你就能算出：6位女士每人能分到9块蛋糕。看到了吧，掌握了乘法表，做起事情来是多么方便。

好，我们已经耽搁了好一阵儿了。该轮到……

72

可怕的乘法表

	1	2	3	4	5	⑥	7	8	9	10
1	1	2	3	4	5	6	7	8	9	10
2	2	4	6	8	10	12	14	16	18	20
3	3	6	9	12	15	18	21	24	27	30
4	4	8	12	16	20	24	28	32	36	40
5	5	10	15	20	25	30	35	40	45	50
6	6	12	18	24	30	36	42	48	54	60
7	7	14	21	28	35	42	49	56	63	70
⑧	8	16	24	32	40	㊽	56	64	72	80
9	9	18	27	36	45	54	63	72	81	90
10	10	20	30	40	50	60	70	80	90	100

73

如果要查两数相乘的乘积，在左边找到其中一个数，记住这一行，然后从上面找到另一个数，记住这一列，最后找到它们的交会点。例如，要求8×6的乘积，找到8所对应的行以及6所对应的列，答案是48。

如果要用这个表，一共需要记住100个数。

为便于记忆，可以用这种方法：

在左边选一个数，比如"7"。然后沿着这一行往前看："一七得七，二七十四，三七二十一……"一直背到七乘以十等于七十。这叫"背诵乘法表"。这样重复几次就记住了。

虽然背诵乘法表是记住这些搭配的最好办法，但结果还是在脑子里填满生冷的数字，一点趣味也谈不上。就像看一张挤满了脑袋的照片，枯燥无味……

……突然，你看到了弗兰肯斯坦的小怪物。有了好玩的角色，整张照片立即生色不少。

乘法表也一样。但是怎么让其中一些数字变有趣呢？首先，去掉一些数。好极了！

先看表上端的"1"。沿着这一列往下看，你会发现这些数字是1，2，3等，因为1乘以任何数都等于这个数。（你可能觉得这是很明显的事，但是经过几千年，纯粹数学家们才最后同意7×1=7这类运算是正确的。不——不要笑，那太残忍……）

当然，左侧的"1"也是同样道理。沿着这一行看，这些数字也是1，2，3。这太简单，不如把它们删去，乘法表就变小了。

再看表上端的"10"。沿着这一列往下看，你会发现这些数字是10，20，30等。这是因为算术里有这样一条规律：

10乘以任何数，都只需把这个数向前移一位，然后在最后一位上填0。

看这个例子：

$$
\begin{array}{r}
581 \\
\times \quad 10 \\
\hline
= \quad 5810 \\
\hline
\end{array}
$$

明白了吗？这使得10的乘法运算也变得非常简单，所以在乘法表中也要省去。

现在我们已经决定了删去这100个数中过于简单的那36个。于是乘法表变成了下面这种形式：

	2	3	4	5	6	7	8	9
2	4	6	8	10	12	14	16	18
3	6	9	12	15	18	21	24	27
4	8	12	16	20	24	28	32	36
5	10	15	20	25	30	35	40	45
6	12	18	24	30	36	42	48	54
7	14	21	28	35	42	49	56	63
8	16	24	32	40	48	56	64	72
9	18	27	36	45	54	63	72	81

好不了多少，不是吗？还有64个数。

再等等——如果留心观察，你会发现，很多数出现了两次。这是因为乘法的两个乘数可以互相交换位置（即9×4等于4×9）。没有必要把同一事物重复两次，不是吗？因此，我们就删掉那另一半数，得到这样一个表……

可怕但有趣的乘法表

	2	3	4	5	6	7	8	9
2	4							
3	6	9						
4	8	12	16					
5	10	15	20	25				
6	12	18	24	30	36			
7	14	21	28	35	42	49		
8	16	24	32	40	48	56	64	
9	18	27	36	45	54	63	72	81

可以把这块空地出租做广告。

现在，让我们来看看能不能在其中找几个有趣的数。假设你的生日是18号。在表中找到18，是3×6（当然也可以说是6×3）。那你就可以告诉别人说，你的生日是3×6号。如果你运气好，也许他们就给弄糊涂了，3号、6号和18号都送生日礼物给你。不错吧！

你的门牌号也可能成为其中一个有趣的数。假设你的门牌号是32。想象一下给自己寄张明信片：

亲爱的我自己：

　　没有人知道你有多棒，也没人知道你承受着多么大的苦痛。但是我都知道。我爱你，非常非常地爱你！

　　　　　　　　爱你的我XX

收信人：　我

豪华城煤气厂路

8×4号

这个有趣的乘法表中，斜边上的数都很特别，它们被称为平方数。这个名称的意思是说，它们都是两个相同的数的乘积，例如，49就是7×7。它们比其他算式要好记一倍。你还会发现，别的地方也出现了两个平方数。你能找出这两个数吗？

下面介绍一些其他有趣的数。选一个平方数，找到它正下方那个数，然后向左移一位。左边的这个数永远比那个平方数少1！如果你选的是64（就是8×8），找到它正下方那个数，然后向左移一位，找到63（就是9×7）。我们叫这样的数为"准平方数"。

选一个准平方数，找到它正下方那个数，然后向左移一位。左边的这个数永远比那个准平方数少3！（如果你选的准平方数是15，找到的数就是12。）

还可以把所有的奇数都涂上颜色（即，所有以1，3，5，7或9结尾的数）。你会发现，涂有颜色的方格组成了一个特殊的图案。

等你拿这些数做完上述的游戏后，你会发现，很容易就能记住它们，而且，很快你的大脑就仿佛安装了一个自动计算器。你能够心算简单的乘法和除法，而且更重要的是，你可以玩下面的游戏了。

"暗杀者"

这是个两人对垒的小游戏，目标是暗杀你的对手。

游戏需要：

▶ 每人准备10片小纸。

▶ 40张扑克牌——一人持有黑桃和梅花的A到10，另一人持有红方块和红桃的A到10。

游戏规则：

▶ 在每张纸上写一个不同的数（1—100）。不要让你的对手看到你写的是什么。

▶ 每个玩家都可以看自己的牌，选一张，然后倒扣在桌子上。

▶ 两个玩家都准备好后，把牌翻过来，把两个数相乘。如果你的纸片上写有这两个数的乘积，恭喜，你得了1分。（比如，你选的牌是7，对手选的是3，而且你的纸片上写有21，那你就得了1分。）

▶ 得了1分后，你就可以把那张纸片丢掉了。

▶ 把选过的牌留在桌上，每人再选一张，倒扣在桌面上。

▶ 都准备好后，把牌翻过来，把两个数相乘。如果你的纸片上写有这两个数的乘积，可得1分。

▶ 如果你得了3分，那你的对手就输了，你是胜利者。

▶ 如果用完了所有的牌，还是没人得3分，平局。

游戏技巧：

1. 选10个乘法表中出现过的数，最好是出现频率最高的数。

2. 选牌时，尽量使其至少能被你纸片上的一个数整除。

3. 试着记住对方选过的所有牌——这有助于你决定选哪张牌。经过一定的练习，你就会学会怎样深谋远虑地制胜。

表格计算器——如果你一点办法也没有了

如果你想不起答案是什么，而且也没有办法算出来，这里给你提供一种算两个数乘积的方法。假设你要算的是4×7。

▶ 画4条横线。

▶ 再画7条竖线。每条线都要和那四条横线相交。

▶ 数这些线有多少个交点——交点的个数就是答案！

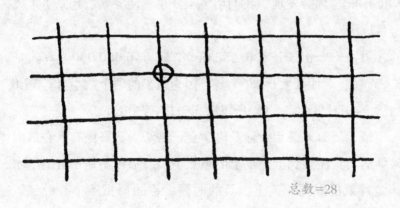

总数=28

增加脑容量的窍门

一旦掌握了1—10的乘法表，你也可以很快地心算一些较大数字的乘法，连你自己都会感到惊奇！看下面这道题：200×9 000

这么大的数，我的脑子可装不下！

放轻松！其实很简单……

把前面的两个阿拉伯数字相乘，然后再数数还有几个0，填在乘积的后面！

这里，你只需算出2×9，乘法表告诉我们答案是18。然后数数还有几个0（这道题中是5个），放在乘积的后面。好！答案是1 800 000。你会发现，我们用了千分格，使答案看起来更规整，容易辨认。

再看一个例子：800×50 000结果为40 000 000。算法是，8×5=40，后面还要再加6个零，因为原来的两个数本身有6个0。当然，40自己还有1个0，所以乘积一共有7个0。

哦，天哪——幸亏你及时学会了乘法表，好像有人在搞阴谋破坏活动！注意到上一页上的黑点了吗？那可不是一般的墨水，那是特效催眠剂。读上一页的时候，你的拇指不小心触到了黑点。几个致命分子通过你的皮肤渗透进血液系统。虽然你自己似乎没有意识到，其实你现在正在熟睡，而且即将遭遇魔鬼的致命袭击。

呼……

变形迷宫

"我在哪里呀？"你睁开眼睛，呻吟道。

"哈哈！"一个声音怪笑道，"你逃脱了我的蝎子阵，觉得自己很聪明是吗？这次，你跑不了了！"

哦，不，又是魔鬼教授，鼻子上缠着硕大的绷带。你向四周望了望，发现自己站在一条走廊里，前面的地板上画着一个大大的"9"字。

很明显，教授画这个数字，花了好大的力气，而你又是很友善的那种人，所以你很想与他愉快地交谈。

"这个大大的'9'是干什么用的？"你礼貌地问。

"你要是不能除9然后变成另一个数字，就不能通过它。"教授说。

"你在说什么鬼话？"这次，你不是那么有礼貌了。

"哈哈！看！"他举起一面镜子，得意扬扬地怪笑道。

天哪！你整个人变成了一个大大的"1"字。

"要通过走廊，你必须除9。看看你现在变成了什么！"教授大笑。

"应该是9除以1，结果是9。"你边说边跨过尚未全干的涂料。

哗！你的身体变成了"9"的形状！即便是用教授的标准来衡量，这也太诡异了。你张望四周，看到还有3条通道，每一条的地板上都印有一个数字。

"只有当那个数字能够被你整除的时候，你才能通过。"教授开心地咯咯笑着，"你通过后，就变成了两数相除的结果。"

你看到地板上的72，跨了过去。

哗！你的身体由"9"变成了"8"。（你记得乘法表，知道这是因为9×8=72。）你又退了回去。哗！你又变回了"9"的形状。

你又跨过了81这个数。哇！你变成了另一个"9"。当然，因为9×9=81。你退了回来——哇！你又变回了原来的"9"。

拐角处有个"64"，你试着跳过去。

咔嚓！一个巨大的铁钉突然钻出地板，差一点就碰到了你。

"哈哈！"教授笑道，"9不能被64整除，所以你过不去。"

"到底是怎么回事？"你问道，生怕他会再发出他那刺耳的"哈哈"。

"哈哈！"果然！"要变回原形，你得拿到那瓶解药。但是要到达解药所在地，得按这个顺序依次通过各个数字！"

他手里挥舞着上面写满数字的纸片。突然，一阵冷风吹来，把纸片吹到了这本书内一个遥远的地方。

"哦！"教授哈哈大笑，"我真笨！这回你必须要自己找到正确的路线了。不过，说实话，我觉得你成功的概率不大！"

可恶之极！但是，也许，只是也许，如果你保持清醒的头脑，好好利用乘法表，还是能穿过变形迷宫，拿到解药！

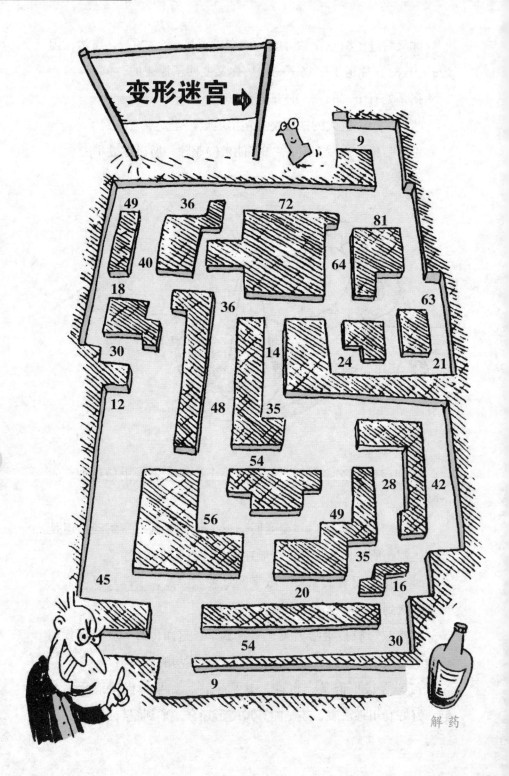

惹人爱的11

一旦掌握了乘法表，你就能以非凡的速度做10以内的乘法。但是，假设你要举办晚会，同时邀请所有国际顶级足球队的话，要是能快速做11的乘法岂不是更方便？（这样，你就知道该订多少饼干和小丑帽子，多少瓶橘子汁了。）

嘿，裁判！他偷我的薯片！

你可能会以为11这个数会很棘手吧。但是如果是11和一个一位数或两位数相乘，这里有几个小窍门：

一个一位数和11相乘，乘积就是这个阿拉伯数字重复写两次！

也就是说8×11=88。很可爱，是不是？

一个两位数和11相乘，乘积就是把两个阿拉伯数字相加的结果放在这两个数字之间！

例如，35×11，只需计算3+5，把结果8放在中间。答案是385！

　　不错！但是这对所有的两位数都有效吗？79呢？如果计算7+9的和，得到16，放在中间就是7169。这个数似乎太大了！这里，应该把6放在中间，1进到前面的7上去。那么，这道算术题就是：79×11=869。

　　这个小窍门永远管用，即便是这个两位数的两个阿拉伯数字之和还是一个两位数（如84×11=924）。

让人发疯的乘法

虽然乘法表里都是10以内的乘法，利用它，你就能做任何数的乘法。看下面的例子：

$$\begin{array}{r} 7 \\ \times \quad 29 \\ \hline = \quad \underline{\qquad} \end{array}$$

做这样的乘法，要记住的第一点是……

进行乘法运算时，为方便起见，最好把较大数字放在上面。

两数相乘，调换两者位置，丝毫不影响其结果。因而，上面的算式可以写成下面的形式：

$$\begin{array}{r} 29 \\ \times \quad 7 \\ \hline = \quad \underline{\qquad} \end{array}$$

← 惊喜空格

注意到了吗，这里出现了一个我们见过的空格。需不需要它，要看你的记忆力如何。

开始！我们只需用下面的数去乘上面的数，从个位开始，然后依次从右到左。首先，用7乘以9，根据乘法表得到答案63。也就是6个10加3个1。

那么在个位上填3……

$$
\begin{array}{r}
29 \\
\times \quad 7 \\
\hline
= \quad 3 \\
\hline
6
\end{array}
$$

为了不忘记还有6个10，在下面的空格内写个小小的6。然后，我们再算上面那个数字十位上的2。2×7得14。在动笔记下结果之前，别忘了之前我们还有6个10，要加到我们刚刚得到的14个10上去。14+6=20。这意味着，十位上填0，将2进到百位。上面那个数字没有百位，不用继续再乘，于是我们在乘积的百位上填2。

$$
\begin{array}{r}
29 \\
\times \quad 7 \\
\hline
= \quad 203 \\
\hline
6
\end{array}
$$

90

这就完成了！当然，如果你觉得这样的计算实在是一种酷刑，可以试试29+29+29+29+29+29+29，你仍然能得到同样的答案。

虽然用这种冗长的方法做乘法永远都能得到正确的结果，但是试图寻找一种捷径会更加有趣。上面这个例子中，仔细看一下29。如果你有29只羊，也就等于你原来有30只羊，但丢了一只。

咩咩?

如果换成7，也是一样的道理。29个7，等于30个7减去1个7。你只需算出30×7的结果是210（这也是前面讲过的"扩充脑容量"算术题中的一种），然后再减去一个7，得到210-7=203。

然而，不是所有的数都这么容易处理……

哟！谢天谢地，有我们在这儿。当护士求救的时候，我们这些《你真的会+-×÷吗》的英雄们很乐意展现我们的骑士精神。振奋精神！虽然这道题艰涩异常，但我们同心协力必然战胜它：

$$
\begin{array}{r}
12834 \quad \text{总人数} \\
\times \quad 217 \quad \text{每人长的绿点} \\
\hline
= \quad\quad\quad \text{绿点的总数}
\end{array}
$$

要求出结果，有四种选择：

1. 写出算式12 834+12 834+12 834+等等，一共217个，把它们相加。不推荐使用这种方法。

2. 背诵217的乘法口诀，一直到217乘以12 834。这种方法更加不可取。

3. 吃掉奶油蛋羹里的一大把生苦瓜丁。这不能帮你解出答案，但至少要好于第二种方法。

4. 利用我们学过的那个简约乘法表，再用上一些简单的加法。

我猜你不会喜欢生苦瓜丁的味道。因此，让我们来看看第4个选择具体要怎么操作。其实，这种方法最简单明了而有效了。

可以把乘法分成几个简单的部分来做，一一求出结果后，再把它们加在一起，就是最后的答案。

具体是这样的。先把较小的数分解成个位、十位、百位，等等。上个例子中的217是由200+10+7组成的。我们只需将它们分别与12834相乘，然后再把各部分加起来。

要不要来杯茶，边喝边算？

好，谢谢。

百倍数

我们探讨过10的乘法，我们这里再重复一遍，你是不是很高兴啊：

用10乘以任何数，只需将这个数向前移一位，然后在末尾填0。

100的乘法同样简单：

用**100乘以任何数，只需将这个数向前移两位，然后在末尾填00。**

你明白大概的意思了吧——例如，1000的乘法，将每个数字都向前移动3位，在末尾填000；10 000的乘法，将每个数字都向前移动4位，在末尾填0000。不过，你已经掌握窍门了，是吧？你当然已经掌握了，这跟我们以前说的扩充脑容量的方法是一致的。

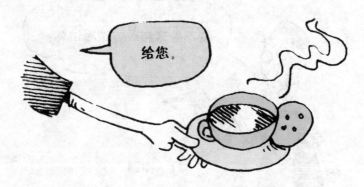

给您。

谢谢。在等它凉下来的时候，让我们快速地回顾一下我们要算的题12 834×217。好。

首先用200乘以12 834，这相当于用2乘以12 834，利用100的乘法的秘诀，将结果向前移动两位，然后在末尾加00。

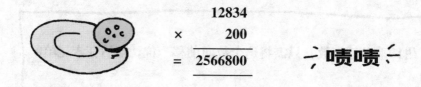

$$\begin{array}{r} 12834 \\ \times \quad 200 \\ \hline = \quad 2566800 \end{array}$$

啧啧

现在我们做10的乘法，非常简单：

$$
\begin{array}{r}
12834 \\
\times \quad 10 \\
\hline
= \quad 128340
\end{array}
$$

最后，做7的乘法：

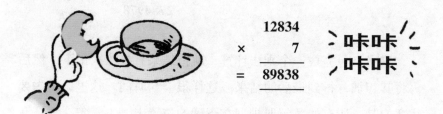

$$
\begin{array}{r}
12834 \\
\times \quad 7 \\
\hline
89838
\end{array}
$$

完成了每部分之后，我们来将3个结果相加。

2566800	这是 12834 × 200
+ 128340	这是 12834 × 10
+ 89838	这是 12834 × 7
= 2784978	这是 12834 × 217

这就是最后答案。

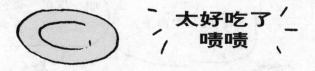

你会发现，在计算过程中，我们一共用到了4个不同的算式——其中3个是乘法，最后1个是加法。

其实，不用将它们单独列出，可以直接写在一块儿，节约时间：

$$
\begin{array}{r}
12834 \\
\times \quad 217 \\
\hline
2566800 \\
128340 \\
89838 \\
\hline
2784978
\end{array}
$$

这里，每完成一个乘法计算，就把结果直接依次记下，然后再将其相加，得到最后的结果。这样很节约时间。这里，首先要注意的是，所有的数都要排列在正确的位置上。不管怎么样，我们已经算完了，希望有所帮助。

乘法的其他叫法

算式27×9，可以描述为：

▶ 27乘以9。

▶ 用9乘27。

但是，要当心，乘法还可能以一些乔装的形式出现……

▶ 可能会要你求27和9的乘积。

▶ 27×9时常被称为"27的9倍"或"9的27倍"。

▶ 更有甚者，如果涉及到小数，注意"的"，像1/5×40这样的算式，通常被读作"四十的五分之一"。

一些更狡猾的符号

×乘号

我们都知道了乘号的意思，但是书写时有一点需要注意。乘号看起来像倾斜的加号，但是决不能写得像字母"x"，因为在数学中，通常情况下"x"代表"未知数"。下面这个方法，能让你将它们区分开来：

注意一点：在更复杂的数学中，人们开始用字母代替数字，而且经常把符号省掉（所以，A×B常写作AB）。更容易引起混淆的是，人们有时用实心句点来代替乘号，所以A×B又被写作A·B。实心句点看起来很像小数点，这一点也很恼人。这些我们以后会讲到。（其实，实心句点在每一行的中间位置，而小数点在底部。）

和"+""−"一样，"×"也是运算符号。到目前为止，我们还剩下一个运算符号没有学到。

÷除号

"减"与"加"相对，同样，除法和乘法相对。这一点在学习可怕的乘法表的时候，我们就提过。

还记得吗？在加法和减法中，可以把一个数移到等式的另一侧。例如，如果把7移到等式另一侧，同时变"+"为"-"，就可以变6+7=13为6=13-7。在最简单的乘法和除法中（即不涉及加法和减法的运算），也可以同样操作。原式为8×4=32，把×4移到另一侧，变×为÷，得到8=32÷4。其实，还是那条老规矩：

> **要同等对待等式的两端。**

谢谢大家。好，现在让我们来做×和÷的运算，看大家能不能发现这类运算和+、-运算的细微差别。

原式为：

$$7 \times 5 = 35$$

依据同等对待等式两端的原则，把左右两侧都除以5。

$$7 \times 5 \div 5 = 35 \div 5$$

还有许许多多的数都会成为抵消的牺牲品。继续读下去吧！

你会注意到，跟×5紧挨着的是÷5，这很令人高兴，因为它们能互相抵消，因此可以同时消失。让我们来剖析其中的原因。

任何数除以它本身，结果当然是1，比如，$297 \div 297 = 1$。那么，让我们再次叫好，然后看看用1代替5÷5后，能得到什么。

$$7 \times 1 = 35 \div 5$$

这里还有好消息。一般说来，我们不必麻烦地把"×1"也写出来，因为任何数乘以1，结果仍然是这个数，因此，我们也将其省去，得到：

$$7 = 35 \div 5$$

如上文所说，"×5÷5"已经消失了！而且，"×5"挪到了另一侧，变成"÷5"。

注意到细微差别了吗？+、−运算中，各项抵消后剩0（如，+324−324=0），但在×、÷运算中，各项抵消后剩1。

你觉得乘法、除法怎么样？令人高兴的是很多数能相互抵消，等式看起来跟加法、减法也很类似。总之，好像还不错，是吧？

你还是持怀疑态度是吗？遇到类似下面这些情况，你是不是感觉不安？

▶ 商店里，你从货架上取下袜子，发现它们暖洋洋、黏糊糊的？

▶ 你咬了一大口苹果，发现剩下的那部分里有半条虫子在蠕动？

▶ 电影院里，你就座后，慢慢发现你的座位是湿的？

▶ 你独自在空旷的房子里洗澡，突然发现有人在扭门把手？

▶ 6月收到儿童节贺卡？

　　如果你有类似的感觉，也不奇怪，因为在除法中，最可爱、最无辜的小数字，也会突然变得非常可怕。甚至可以说，除法是通向数学地狱的入口。但是既然我们都到这儿了，返回已是不可能。准备捂好鼻子，我们要进去了……

邪恶的除法

很久很久以前，一个平凡但很可爱的数叫6。阳光下，它在田野里蹦蹦跳跳，时而俯首采摘野菊花，没有惹到任何人。突然，它碰到了快活的小小数字3。

"你愿意跟我一块儿玩吗？"3问。

"好啊！"6说。它们玩得很愉快。开始，它们玩了加法：

$$6+3=9$$

然后它们玩了减法：

$$6-3=3$$

之后它们又玩了乘法：

$$6×3=18$$

最后，6提出一个建议。

"试试除法怎样？"它问。

"哦，天哪！"小小数字3心里想。妈妈警告过它除法的厉害，但这只使得除法更加具有吸引力了。也许就玩一次没有什么关系的！

"好吗？"6问，"你想玩除法吗？难道你害怕了？"

"我没有害怕，"3战战兢兢地说，"事实上，一点儿都不害怕。"

"好，"6说，"用你来除我，看看结果是什么。"

"怎么除？"3问。

"很简单，"6说，"在乘法表上找到我。看到跟你一模一样的3和2相乘，你就知道我是怎么构成的了。如果用你来除我，我就是两倍的你……"

$$6 \div 3 = 2$$

"真好！"3说。正如它所料到的，妈妈小题大做了。

警　告

　　神经容易紧张的人请注意：读下面几页的时候，你可能想紧闭双眼，因为它们很恐怖！

正当6和3坐着休息的时候，一个7走了过来。

"好像你们玩得很高兴！"7说，"我能加入吗？"

"当然。"另两人说。于是它们一起玩了很多游戏。

$6 + 7 = 13$	$7 - 3 = 4$	$7 \times 6 = 42$
$3 \times 7 = 21$	$3 + 7 = 10$	$7 - 6 = 1$

　　"都是小孩把戏，不玩了。"7说，"现在谁愿意玩除法游戏？"

　　"我！"3大声说。

　　"你不害怕？"7问。

　　"当然不怕，"3回答说，"我来除你，我能被除几次？"

　　它们查阅了一下乘法表。

　　"我只出现在1和7的交会点，"7说，"也许我无法被3除。"

　　"这话真是糊涂！"3说，"来嘛，不管怎么样，我们玩玩儿试试！"

　　7÷3=2，余下1。

　　"哦，不！"3说，"我不行！我能除两次，但是余下一个1，我无法除1。"

　　"我来试试。"6说。

　　7÷6=1，余下1。

　　"天呀，"6说，"我也余下1！"

　　"可怜！"7嘲笑着说，"你们除的方法不对！我来除你们，给你们做做示范！"

　　6÷7=　但是没办法进行！

　　"看到了吗？"6说，"不是想象得那么简单，对吧。"

　　"等着瞧吧，"7说，"这次我要真正认真地试一次。"

　　7这次竭尽全力了。

她计算，进位，抵消……突然，巨大的小数爆炸横穿过田野……

"停，停！"6尖叫，"你把我变成了越来越小的无限循环小数。"

旁观的3惊恐万分，这才意识到妈妈的话是对的。除法有时很安全，但大多数情况下无异于谋杀！

除法的麻烦

到目前为止，我们涉及的都是整数，如217和56 893。很多事物只能用整数计算，如沙发靠背后有多少枚硬币，一场足球赛或曲棍球赛进了几个球，等等。整数相加、相减、相乘，结果仍然是整数。除法则不然，有时候你会幸运地得到整数，大多数时候则不那么幸运，结果可能是分数。

假设你在一大块奶酪上种了4撮头发，现在要将其分配给3个秃顶的人。

分配和除法一样。那么我们要用3个人来除4撮头发，也就是：4÷3。

首先，每人能分到1撮……

……但是，还剩下1撮。当然，可以把这1撮分成3小撮，然后分给每人1小撮。这就相当于用3除1，用数字写出就是1÷3。但是，这里有个几百年来一直困扰着数学界的问题：每一小撮有多大？

有个简单的小窍门，它将告诉你除号要做的是什么。除号就有趣在这儿……

可以把两个数字以这种方式挪到圆点的位置……

$$1 \div 3 \quad 1 \div 3 \quad \frac{1}{3}$$

如果把1写在3的上方，将得到一个分数叫三分之一。其实，这就是1除以3的正式名称。因而，如果最后一撮头发由3个人来分享，他们每人能得到这撮头发的三分之一。别忘了，他们每人已经分到了一撮，那么每人总共得到$1\frac{1}{3}$撮头发。他们突然全都容光焕发，因为长了头发的人看起来就是如此。

如果你容易动怒，不要读以下部分……

你知道的，"经典数学"的工作人员并不介意偶尔开一两个非常粗俗的玩笑，但是有时候他们也无法控制事态的发展。这就是那样的时刻之一。接下来，我们要快速看一下分数。坦诚地告诉你，如果你是个感情脆弱、容易受惊吓的人，我建议你继续之前，先闭上眼睛，堵住耳朵。

分数有两种。第一种我们前面已经见过，上面有一个数（叫作分子），下面有一个数（叫作分母）。这类分数可算不上数学王国里的佼佼者，这么说也并没有冤枉它们。但是，"经典数学"有兼收并蓄的宽容精神，所以我们还得坚持一小会儿，邀请它们中的几位来此页做客……

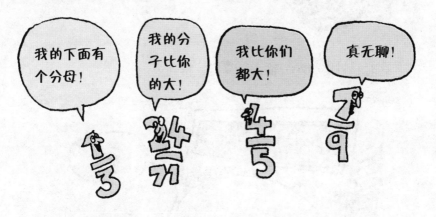

怪不得它们被称为普通分数。当然，错误在于除法。如果没有除法，我们就没有必要容忍这种低等生物来玷污这本高品位的书籍。

幸运的是，有一个办法可以避免普通分数，虽然似乎有点孤注一掷。那就是把它们喂给计算器。

这时，只需将2÷7输入计算器，得到……

计算器已把普通分数转化成一个小数，小数看起来稍好些——但问题是小数在运算过程中非常麻烦。以后我们就会知道计算器是如何把分数转化成小数的。同时，我们要把分数赶到一本完全不同的书上去，好让讨厌它们的人有办法回避。（那本书的名字叫《绝望的分数》，它不适合感情脆弱、容易被吓倒的人。）

不能用分数的时候

除法得出的结果有时既不是规规矩矩的整数，也不是分数，只是余下来的没法处理的小数。

假设你有7只可爱的大颊鼠，想分给4个人。首先，每人能得到一只可爱的大颊鼠……

……但是盒子里剩下的3只可爱的大颊鼠怎么办呢？一种方法是：

另一种方法是：

看，这个例子里剩下的几个大颊鼠，我们无法处理。剩下的东西，一般都被称为余数。

现在你看出来除法是多么卑鄙而又难缠了吧。说到卑鄙而又难缠，该是向你们介绍这一章的特邀明星的时候了。他曾首次将鹦鹉哎哟引入游戏节目。让我们热烈欢迎泰特斯·欧咨啬！

咳！谢天谢地，他的第一道题很简单。我们碰巧可以在乘法表上找到21，它是7和3的乘积。如果7×3=21，那么21÷3=7。

胡说！想要赢点什么，看来我们必须得继续努力。快速搜索乘法表，我们发现72其实就是8×9。如果要除以8或9，很简单。但是要除以4，就没治了。

不错，很多除法运算都有简便算法，但是如果找不到捷径，最可靠的办法还是遵循常规。首先，以下列格式写出算式，顶上留一个空格填答案。

$$4\overline{)72}$$

除法先从数的左端开始——那么，这个例子里首先用4除7（当然这里的7其实是7个10，因为7在十位）。从乘法表中得知，7不能被4整除，那就看7最多能被4除几次。这和把7只大颊鼠分给4个孩子其实是同一道题。结果是，7最多只能被4整除1次，有余数。把1写在7上面：

$$4\overline{)\overset{1}{72}}$$

让我们来算算刚才的余数是多少。（是的，很明显，和分大颊鼠的时候一样，余数是3。但是，不是所有的题目都是这么简单，所以我们一步一步来，看看我们是如何得到这个结果的。）

用顶端的1个10乘以4，乘积写在72下面，得到：

啊，我早就心算出来了！

接下来我们要做的是，看看原来的72还剩下多少。减去40，余下32。

$$4\overline{)\begin{matrix}11\\72\\-40\\\overline{32}\end{matrix}}$$

下面，我们要用4除32。查看一下乘法表，我们欣喜若狂，32=8×4，这意味着32里有8个4。那么，我们在个位的上方写上8。

$$4\overline{)\begin{matrix}18\\72\\-40\\\overline{32}\end{matrix}}$$

快点儿，快点儿！都等着你呢。

其实，这道算术题的答案已经显示在上面了：18。但是，为了确保我们没有做错，最好还是完成所有计算步骤。我们把刚填到答案栏上的8和4相乘，结果写在下面。

$$
\begin{array}{r}
18 \\
4\,\overline{\smash{)}\,72} \\
40 \\
\hline
32 \\
-\;32 \\
\hline
\end{array}
$$

然后，用原来的32减去我们刚刚得到的乘积32，看是否还有余数。当然，32-32=0。也就是说，没有余数。那么，运算结束。

如果想验算，你当然可以反过来做乘法，用18×4，看乘积是否是72……

快，快，快——时间马上就到了！

……但可惜没有时间了。那我们只好说答案就是18。

他们答对了吗？

我用简便算法验证一下。

好，格拉迪斯，给我们讲讲你的算法！

这就有点儿过分了！乘法表里没有17这个数，当然也没有629。但是，要是能赢得100英镑可真不错，不是吗？

被乌鸦不幸言中，做除法时不能像乘法那样，把大数分成几个小数字，然后再除。格拉迪斯说的也没错，这里没有简便算法，只能忍痛直接用这些大数字进行运算！其实，这道题和我们前面遇到的72÷4区别不太大，因此我们还是动手吧。

首先，像上例那样写出算式，上面留一行空格用来写答案。

$$17\overline{)629}$$

对付这种较长的除法，有一个特殊的窍门：

做较长的除法题时，需要很多猜测，因而最好用铅笔！

较长除法也有有趣之处，我们可以选择让生活变得更简单。一下子就考虑629这么大的数，对于我们来说太难了。因此，首先我们先假想这个数的后半部分被蒙住了。

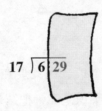

$$17\overline{)6\,29}$$

如果首先只考虑百位，就极其简单了——6包含几个17？当然，6里面一个17也没有，因为6要比17小得多。所以，如果你想提醒自己的话，可以在6的上面写0。

$$17\overline{)629}\quad\overset{0}{}$$

实际操作中，大多数人都会省去这个0。但是，写上也不坏，它能帮你把下一个数字填到正确的位置上。

然后我们向后挪一位，把十位也考虑进来。用17来除62。这一步也很有趣，因为需要猜测。

$$17\overline{)629}\quad\overset{04}{}$$

首先我们猜62里有4个17，因此要在跟十位对齐的位置上填4。然后，用4和17相乘，乘积是68，把结果写在下面。

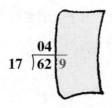

然后用62减去68，看看余数是……哦，天哪，68比62大！

哈哈！他活该。不管怎么样，这回我们知道了，上次猜的4太大，那么就把4和68擦掉，然后再试一个小点的数。3怎么样？

$$
\begin{array}{r}
03 \\
17\overline{)62\,9} \\
51 \\
11
\end{array}
$$

嗯——3和17相乘，乘积是51。用62减去51，还剩下11，看起来好像对了。然后再向后挪一位，把个位的9也考虑进来。要算上9，只需直接把它落到下面，和其他数字在算式的底端排成一排。

$$
\begin{array}{r}
03 \\
17\overline{)62\,9} \\
51 \\
11\;9
\end{array}
$$

砰！

还要猜测——119包含几个17？先试试6。

$$
\begin{array}{r}
036 \\
17\overline{)629} \\
51 \\
119 \\
102 \\
17
\end{array}
$$

用6乘以17，乘积是102，119减去102，差是……17！也就是说119里还有一个17。

哈！但是，还没到该笑的时候，我们就要得到答案了。在结果栏内擦去6，填上7，算式就变成：

$$
\begin{array}{r}
037 \\
17\overline{)629} \\
51 \\
119 \\
119 \\
00
\end{array}
$$

好了！没有余数——我们可以回答，答案是37！

你觉得呢？要继续为车而战吗？为什么不呢？我们已经算是做除法的好手了，让我们勇敢一点儿。

123

似乎格拉迪斯又发现简便算法了，但是我们又不知道什么是因式分解，所以我们只能加足马力，把这道题解决掉。以我们神奇的高招妙式、过人的聪明才智和天使般的花容月貌，也用不了多少时间。

计算的过程是这样的：

$$
\begin{array}{r}
48 \\
91\overline{)4375} \\
-364 \\
\hline
735 \\
-728 \\
\hline
7
\end{array}
$$

有两点需要注意。首先，4比91小，43也比91小，所以我们的第一个猜测是"437里有多少个91"，答案是4。看起来很难，但是练习多了，你就会慢慢发现这种猜测越来越容易！

其次要注意，最后余下7！这是因为91不能被4375整除，而是48倍余7。

他们得到了答案48，泰特斯，很相近了！

哈哈！但是要赢得这辆车，还不够相近！那你们打算怎么处理余数7呢？

都到了这一步，我们可不能输给他！还记得我们曾把最后一撮头发分成3份吗？我们得到1/3。现在我们要把余下的7分成91份，也许可以写成7/91。

谢天谢地,格拉迪斯对分数了解得可真不少,她一定是读过《绝望的分数》。不过,她到底学没学过我们也不关心,关键是我们赢了一辆车!

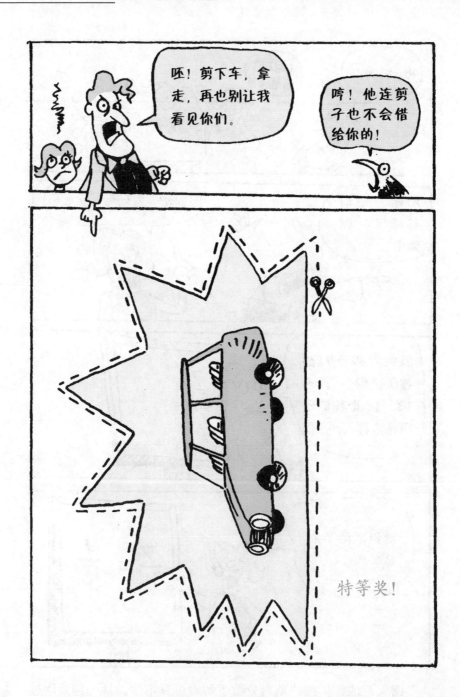

骗局！但是，我们到底赢了点东西，而且我们差一点就知道
了计算器是怎样算出小数来的。你感到很惊奇，是吗？

惩罚计算器

如果你的计算器淘气被你抓住了（比如，和电视遥控器聊天），你可以让它把普通分数转化为小数，以示惩罚。注意，一些分数容易转化，一些分数转化起来要难得多。下面让我们来看看到底是怎样的。

在做19÷8这道题时，首先我们发现19包含2个8，余数是3。聪明的我们正确地写出答案：$2\frac{3}{8}$，觉得这样就足够了。计算器可没我们这么有头脑，原因有二：

▶ 计算器不会书写普通小数。

▶ 计算器不知适可而止。

有时，你可以让计算器永无休止地把除法进行下去，无论你怎么企盼，它都不会停止。如果让计算器来笔算19÷8的话，就是下面这个样子：

补零

做除法时，要不断向后推，依次去除下一个数字，直到用完所有的数字。如果有余数，再填上一个小数。计算器所用的方法和我们相似，但是所有的数字都已用光还有余数，计算器就会补零。至少，计算器在一点上还是很明智的——开始想象并凭空补上零的时候，它会在答案中间画个小点。这个点就叫作小数点。这个例子中，计算器把$2\frac{3}{8}$转化成2.375。

其实，计算器这次很幸运，它补了第3个零后，就没有余数了，所以计算就此结束。有些分数容易转化成小数。八分之几就是其中之一。但是有些分数则会把计算器累得大汗淋漓。下面哪些分数容易转化，哪些会填满计算器的显示屏？

如果你有计算器，试试上面这些数。

在这本书后面的"最狡猾的符号"一章中，你会学到关于小数点的更多知识，还有小数总要用到的一些别的符号。

除法偷偷溜进我们生活的其他形式

除法可能是数学中最狡猾的东西了，它会意想不到地突然出现。如果你要算的除法是56÷8，有时，它以明显的方式出现：

▶ 56除以8。

▶ 8除56。

但是大多数时候，它会用这些词句乔装打扮：

▶ 56包含多少个8？

▶ 56是8的几倍？

▶ 把56平均分成8份，每份是多少？

不要上当——它们都是一回事儿！

祝贺

你刚刚读完了这本书最难的一个章节，因此应该款待自己一下。还记得在"解密"一章中，我们提到过本书有个笑话吗？在这里：

笑话

问题：什么东西我们看不见，但是闻起来像胡萝卜？

答案： 25　19　3　4　11　29　26　7　19　38　39

要给答案解码，需要知道关键数字。这个关键数字可以通过解下面这道题而得到：37 557 ÷ 39。不要去拿计算器，没有用的！我们可不会让只会按键的傻瓜也来欣赏这么好的笑话。它是专门为善于动脑筋做长除法的聪明人而设计的。

首先，写出算式：

$$39\overline{)37557}$$

一步一步地写全步骤，直到所有的数都已除尽，余数是0。然后数一数1和2在计算过程中一共出现过几次？它们出现的次数就是关键数字！

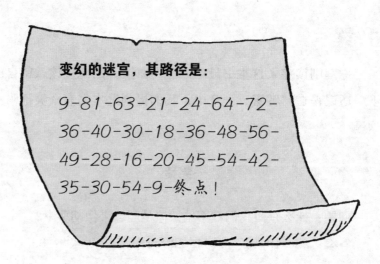

变幻的迷宫，其路径是：

9-81-63-21-24-64-72-
36-40-30-18-36-48-56-
49-28-16-20-45-54-42-
35-30-54-9-终点！

小裤子和金石盟

一旦你掌握了算数的基本要领，你就能做很多事情，其中最实用的就是弄清钱数。到目前为止，购物时，你应该可以算出购物袋里各种商品加起来一共有多少钱，该找你多少零钱。但是，如果你仔细想想，钱其实是个很有趣的东西。

譬如，你口袋里揣着几块咔嗒咔嗒响的金属块，蹒跚地走着，突然很想吃汉堡。你正好路过邦高·麦克维斐的豪华汉堡大百货。你只须往柜台里递进几块金属块，就能得到连公主也会垂涎的美味大餐。

131

但是，为什么邦高需要用几块金属块不厌其烦地购买原料、烤汉堡，然后再拿给你享用呢？

你不能吃这些金属块，不能把它们当钉子钉在墙上，不能在上面刻字，甚至都不能连串起来做项链。它们百无一用。

他之所以会这么做是因为这些小金属块是钱。它们魔力非凡，可以换来汉堡，也可以换到任何你想要的东西（只要足够便宜的话）。当然也有纸币，如10英镑的钞票，而且如果你的纸币足够多，还可以把它们换成电视或其他漂亮的东西。几乎世上每个人都要接触到用硬币和纸币的系统。让我们来从头到尾讲讲货币的历史，从中找出它的工作原理。

货币的发明

因为在世界各地，不同种类的货币都在逐渐发展变化，指定任何人群为货币的发明者都是不公平的。因而，下面讲的只是史实的概括版。我们先从很多千年以前的阿德和布拉葛说起。阿德有3只已经长了羽毛的小鸡，而布拉葛有一皮袋牛奶。

阿德想要牛奶，布拉葛想要小鸡，于是他们同意互相交换。这种交易进行得很顺利，直到几千年后阿德忘了带小鸡来。但是如果阿德不给她点东西，布拉葛拒绝给他牛奶。阿德从地上捡起一块石头，递给布拉葛。布拉葛不稀罕，因为到处都有无数的石头，她要是想要，自己就可以随便捡。但是幸运的阿德突然发现一块不同寻常的光灿灿的黄色石头。布拉葛很满意，同意用牛奶换阿德的黄色石头。

133

又过了几千年，人们都高高兴兴地用自己的苹果、毯子、大象和长矛交换那些光灿灿的黄色石头。虽然又发现了很多黄色石头，它们的数量还是很少，所以人们信任它并使用它。（如果它们到处都是，它们仍然会很漂亮，但就不会那么值钱了。）现在，阿德有顶大帽子，但是他需要的是弹簧单高跷。布拉葛有弹簧单高跷，但她想做的是把自己的麦堆变成天井。这些黄色石头能帮助他们实现这复杂的交易。

阿德需要找到一个有黄色石头并且想要一顶帽子的人。

阿德用他的帽子交换了一块黄色石头，然后去找布拉葛。布拉葛同意用自己的弹簧单高跷换阿德的黄色石头。布拉葛现在可以把这块黄色石头付给夯天井的工人，以换取他的服务！

黄色石头系统的一个最大优点是，人们不需要穿超大号的裤子了。如果你想出去逛街，你带的黄色石头可以轻松地放在衣服口袋里。假设阿德当初没有选那块黄色石头，那现在的衣袋、手袋可要大得多得多了。

总计是2头牛、1捆稻草和6丛杜鹃花。

是的，黄色石头系统是个很大的改进，但是有个问题：

黄色石头的大小不一。为公平起见，他们在每块石头上标上数字，告诉人们这块石头的大小。最小的黄色石头块的价值可能是1，稍大些的是"2""3"等等。

很明显，一块标有"3"的黄色石头等于3块标有"1"的黄色石头的价值。这进一步改善了黄色石头系统，但不幸的是，即便是在那个年代，也会有人弄虚作假。

魔鬼教授

想要有更多的钱，只需改掉石头上的数字就行了！比方说，可以擦掉"4"，然后写上"5"。如果运气好，没人会发现。当然，当局会想办法阻止这种情况的发生，也不足为奇。幸运的是，这种光灿灿的黄色石头有个神奇的属性，加热后它会熔化。这意味着可以把这种石头铸成同样的形状和大小，还可以在上面刻上复杂的图案，这样要篡改它们就难多了。换句话说，当局开始铸造金币。

因为一枚金币就值很多钱，当局也用别的金属铸造货币，如银和铜，它们的价值要低些。很快，一个完整的货币系统形成了。比如，100枚铜币可能值1枚银币，而100枚银币值1枚金币。这就使得人们能够购买从一杯咖啡到一家餐厅等价值不同的各种商品。

到现在为止，一直都还不错。但是，如果你有一吨金币，却被恐怖的老巫婆和她的那伙邪恶党众困在城堡里，那怎么办呢？明智的举措是雇用乌尔骨姆的军队赶来营救你。当然雇用乌尔骨姆需要花钱，而且他开价不低。似乎唯一的解决办法是，找匹马，找辆车，装上金子，送去给乌尔骨姆。但是，老巫婆十有八九会听到金子在路上的叮当声，将其掠去。但是，还是有希望不遭受丢钱的危险而又联系到乌尔骨姆的。你只需写个纸条，然后用信鸽寄出。纸条内容如下：

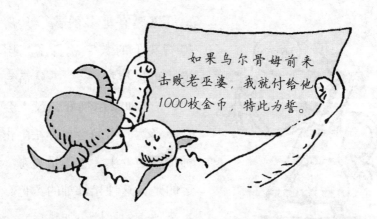

> 如果乌尔骨姆前来击败老巫婆，我就付给他1000枚金币，特此为誓。

乌尔骨姆知道你有很多金币，所以当他接到你的纸条后，他知道你有能力偿付。他抓着你的纸条，把他的军队踢下床，于是军队浩浩荡荡冲向老巫婆的恐怖党众。

打斗的场面不宜向我们脆弱而又聪明的读者详细描述——因而略去。让我们谈点儿有趣的事。你并没有直接送金子给乌尔骨姆,你发行了自己的钞票!

金石盟

所有的钞票上都印有这三个主要信息:

▶   最上面的字是"英格兰银行"。

▶   一条声明说的是"我承诺向此钞票的持有者支付……"然后下面就是面额,例如,10英镑。

▶   在承诺的下方某处,有"司库总长"的签名。

(坦白告诉你,这个签名是印刷上去的,因为司库总长总是忙着吃午饭或是打高尔夫球,不可能有时间一张一张钞票地签。)

这是否意味着英格兰银行有足够的金子去支付它发行过的所有钞票呢?遗憾的是,并非如此。历史上,这曾经是事实。19世纪，许多国家都实行一种叫"金本位"的制度，人们可以拿着厚厚的一沓钞票去银行换金条。但是，自从20世纪30年代以来，情况变得越来越复杂。虽然每张钞票上仍然印有同样的承诺，但政府并没有足够的金子将其全部偿付。（当然，政府还是有很多很多的金子，称为黄金储备。）

这一系统还能继续运转下去的原因是，各个国家需要相互间的贸易往来。贸易就是"交换"（比如，阿德用3只小鸡交换了布拉葛的牛奶）的现代叫法，你所供交换或者说贸易的商品越多，说明你越富有。像美国的华尔街和英国的伦敦城这样的国际货币市场，要花很多年的时间来衡量各国货币价值。衡量过程中，要考虑这些国家的各个工厂和农场能生产多少物品供其贸易。各国的年头有时好，有时不好。这就是为什么你带着10英镑出国旅游的时候，有些年份能换得更多的外国钞票。

你可能认为，当某个政府发现自己经济窘困的时候，会想通过多印钞票来支付议员们3倍的工资。你是否真的这样想过？有时，一些政府确实会发行超过本身支付能力的大量钞票，但是这样会带来无数的麻烦。一旦国际货币市场发现了他们的欺诈行为，这个国家的货币价值就会下降，结果该国将无法与他国开展生意和进行贸易。

这恰恰是伪币制造者（即制造假钞票的人）的祸害所在。你也许会认为，发行几张假20英镑钞票，危害不大。但是一旦人们不再信任手中用来购物的纸币，整个系统就会陷入瘫痪。战争时期，敌国也经常伪造对方的钞票，其危害之大可见一斑。值得安慰的是，很少有人会敢于以身试法破坏这一系统。因此，我们还是很相信，钞票是值钱的。今天，我们又前进了一步——不用交纳钞票或硬币，只要手机支付码就行了。

硬币的革命

最初，硬币是黄金或者白银铸造的，因而它们本身就很贵重。虽然今天的硬币原料都是便宜得多的金属，它们仍然执行着重要的任务，只是与从前不尽相同而已。假设没有硬币存在，只有纸币，最小面值直到1便士、2便士，就会有一把把的烂纸片需要清点存放。因此，我们还是用小金属块来代表小面值。当然，如果你存了很多的小金属块，就可以把它们换成一张纸币。

也有部分例外，比如南非的克鲁格金币。这种金币是真正纯金的。要是你有，千万不要一时疏忽投入自动售货机里去买饮料！

不管是用金属硬币、纸币，还是塑料银行卡、手机支付码，我们今天应用的货币系统，与几千年前阿德和布拉葛所使用的已经大相径庭。如果没有发明出货币，你如果想买汉堡，只有一种方法……

给您汉堡和零钱！

有时零并不代表什么都没有

做好思想准备，我们将看到一个怪人：

老实说，这个家伙绝对有些诡异。

瞧，你见过几个肯一个一个查清所有苍蝇数目的人？

这很有趣。这位女士说她的猪圈正好有42 000只蜻蜓，一只不多一只不少？当然不是，她是位有点头脑的女士，她只告诉我们一个精确到两个有效数字的约数。换句话说，她给我们的数字只有前两位是精确的，其余的她都用零代替。

　　只要让我们大概地知道她猪圈里是一番什么景象，就足够了。我们必须得承认，对于这一点知道得越少越好。

　　对于任何较大的数字来说，前面的数字总是比后面的更重要（或者说更"有效"）。如果你银行里存着7 000 009 英镑，那有7 000 000英镑这个大数字，谁还注意那9英镑的零头啊？这就是为什么碰到大数字时，末尾的数字通常用零来代替，以求简约。

　　有效数字就是一个数中零之前的所有数字。让我们来看几个例子：

2个有效数字

4个有效数字

1个有效数字

哪儿呢？

这里的零都不是有效数字，那么你可能会认为它们没有意义。但事实上，它们扮演着非常重要的角色。看数字561和561 000——虽然有着同样的3个有效数字，但它们明显不相等。这些零标示了其他阿拉伯数字的值，哪个是百万，哪个是千，哪个是百，哪个是十，哪个是百分之一，哪个是千分之一，哪个是百万分之一，等等！

看这个数　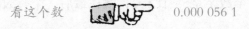　0.000 056 1

是的，小数也会涉及有效数字的问题。请注意，这个小数跟上面两个数有同样的3个有效数字。小数中，从小数点后的第一个非零数字开始，都是有效数字。

怎样整理难缠的数

如果你想让一个又长又复杂的数看起来简单些，只需决定你想精确到几个有效数字，然后把其余部分四舍五入。让我们抓个数字过来，看看"四舍五入"是如何进行的。

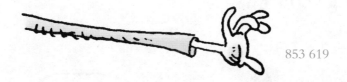

853 619

抓来了！现在精心平躺，我们要开始四舍五入了。

▶ 假设我们只想精确到两个有效数字，这个数就被舍入至850 000。这是因为853 619在850 000和860 000之间。怎样舍入取决于离哪个数更近。此例中，离850 000更近。

▶ 假设我们想精确到3个有效数字，这个数就被四舍五入至854 000。你可能会奇怪为什么不是3而是4。别忘了，四舍五入的原则是尽量使其与原数相近。仔细想想，854000比853000跟853619更接近。

这里有个教你正确四舍五入的方法：

> **如果下一个数字是5或比5大，就在最后一个有效数字上加1。**

这个方法非常重要，你会发现在每一本"经典数学"上都会有它的存在！上例中把853 619精确到3个有效数字时，下一个数字是6，因此经四舍五入后，3变成了4。

下面是精确到4个有效数字的一些例子，每例后都附有注释，陪你欣赏它们的美丽。

▶ 35 817→35 820

简单，漂亮，7意味着四舍五入后1变成2。

▶ 0.000 687 593→0.000 687 6

也很简单。舍去9和3时，不必用零补位，因为小数点后末尾的零毫无意义。（其实，一会儿你会看到零有时是有意义的，不过这里补零就错了。）

▶ 273→273

太简单了。原来只有3个有效数字，所以不必四舍五入。

▶ 12.3248→12.32

这个很难。不，开玩笑而已。当然很简单。不用担心小数点，只要保持它的位置不变就行了。

▶ 13 071→13 070

令人激动。中间的那个零虽然也是零，却是四个有效数字之一。

▶ 369 981→370 000

这里，因为下一个数字是8，要在前四个数字的最后一个9上加1。当然，其实就是1加上3699，所以得到3700。有趣的是答案370 000的前两个零是有效数字，后两个零是非有效数字！看起来什么区别也没有，是吧？

有时零很重要

如果有人说他的狗有2800只跳蚤，你会认为他的意思是"大约"2800只跳蚤。你也会认为这里的零不是有效数字，但是2和8是。根据四舍五入原则，狗身上的跳蚤最多可能有2849只，最少可能有2750只。最大值和最小值之间的差高达99之多！可是有很多的跳蚤啊。

但是，如果有人告诉你，有2800只跳蚤，精确到3个有效数字，那就意味着，2、8还有第一个0都是有效数字。那么，这条狗身上的跳蚤最多可能有2804只，最少可能有2795只。这回最大值和最小值之间的差只有9。显然，当一个零是有效数字的时候，情形大不相同。

对我来说，没什么不同！

一般的数字，如果不事先说明，无法判断某个零是不是有效数字，但是如果是小数，有个判断的方法。

如果把0.017 81四舍五入至两个有效数字，得到0.018。

但是，如果把0.029 61四舍五入至两个有效数字，你可能会省掉末尾所有的零，得到0.03。这不大妥当，因为仔细看你就会发现，你的答案中只有一个有效数字3。其实，正确答案应该更精确一些。因此，为了表明保留了两个有效数字，明智的做法是在3后填一个0。那么，看到小数0.030的人就会马上知道这个数精确到了两个有效数字。他们会很感激你的。

记住下面这句话：

> 一个数四舍五入变成约数之后，就不用麻烦再保持精确了。

下面这个精彩的笑话解释了原因：

147

（有趣的是，这则笑话跟那只恐龙一样老了。）

考虑多少个数字合适

有时候，你被告知需要多少有效数字，但要是没人插手，就该你决定，作为总的规则，手段如此：

> **如果你想相当精确，又不枯燥，那两个重要的数字就够了。就算第一个数是1，给出了更好些。**

有时候，计算器很讨人厌——它们喜欢给出极其复杂的答案，炫耀其本领高强。如果计算器给出的答案是249.895 37，你可以大笑它，然后把这个数四舍五入至250。

做粗略的计算更加有趣。一般一个有效数字就足够了，但是如果第一个阿拉伯数字是1或者2，最好还是保留两个有效数字。哦！什么是粗略计算呢？在这本书上找它可不容易，所以让我们赶快去看看吧……

粗略计算与发疯

　　这还是在旧时期动荡的娱乐界。乐团来往匆匆，有时都没有时间算清账目。这个例子中，剧院经理不得不立即做决定——但是，他有没有被骗呢？最快的办法是做粗略计算。只需把要计算的数尽量简化，然后快速算出大致的结果。

　　此例中，有25 373张票，每张19英镑，经理应该得到一半的收入。要精确地算出他应该拿到多少钱，得计算25 373×19×1/2。这道题有点冗长。因此我们只做粗略计算，把参加运算的数这样改动一下：

　　▶　你觉得25 373和25 000相差不远，而19和20也很相近。因此，你算出经理应该拿到的英镑数大约是25 000×20×1/2。显而易见，20的一半是10，那么，经理应该拿到的钱数约是25 000与10的乘积250 000英镑。

　　如果经理做了粗略计算，只用几秒钟就能意识到经纪人像骗小孩一样地骗了他。

每分钟都会有新生儿出世！

　　粗略计算没有固定的章程可以遵循，多练练自然就会了。但最重要的是：

> **尽量让参加运算的数有最多个零。**

这是因为整十、整百、整千等便于相加、相减、相乘或相除。当然，要想有尽量多个零，办法是像上一章说的那样，每个数只保留一个或两个有效数字。引进几个零后，粗略计算就是不费吹灰之力的事了。

粗略的加法

下面就是算式：

$$
\begin{array}{r}
2346 \\
3988 \\
332 \\
+\ 5024 \\
\end{array}
$$

要求出大致的答案，有两种方法。可以把每个数都四舍五入至两个有效数字，得到2300+4000+300+5000=11 600。不算难。更粗略、更快的方法是只把前两列相加——也就是百位和千位。得到23+39+3+50=115。那么结果大致是11 500。在这种方法中，实际上你忽略了十位和个位，取了偏小的近似值，因此答案比实际稍低。但是既然心里知道，你可以说：

粗略的减法

算式如下：

$$11690$$
$$- 2471$$

没问题！取各个数的约数得到11 700-2500，答案是大约9200。还可以进一步四舍五入各数得到12 000-2000，答案是10 000。但是四舍五入各数时，可参照下面的方法：

> 两数粗略地相加或相乘，四舍五入后，一个数比原来大，另一个数比原来小。
>
> 两数粗略地相减或相除，四舍五入后，两个数都比原来大，或者两个数都比原来小。

此例是减法，因此四舍五入后两个数都要比原来大，得到12 000-3000，答案是9000。这个结果比刚才得到的10 000更接近精确答案……

153

粗略的乘法

让我们庆祝一下，大吃一顿我们最喜爱的食物！我们能买多少面包棍？

1美元能买173个，而我们有9219美元。

算式如下：

$$9219$$
$$\times\ 173$$

我们粗略计算一下。大数乘法的第一个窍门就是划去几个不重要的数字（但必须要记住一共划掉了多少个）。我们把算式变成：

$$92$$
$$\times\ 17$$

我们划去了上面那个数的两个数字和下面那个数的一个数字，一共划掉了3个。在鼻子上或某个别的地方写个大大的3，提醒自己不要忘了。

既然是乘法，不要忘了上面讲到的方法，四舍五入后，一个数比原来大，另一个数比原来小。

这里有一点需要注意。如果把17舍入至10，改变就太大了——几乎砍去了一半！因此，最好把17增大至20，把92减小到90。这时的计算结果是20×90=1800。或者，也可以把92增大到100（这个约数计算起来十分方便），把17减小到15（这个数也不错）。那么这时的计算结果是15×100=1500。那么你觉得哪个数更接近呢，1800还是1500？哪个都不算好，不如选它们之间的一个数：1600。

天哪，幸亏想起来了！用这种方式我们才不会忘了划掉了几个数字。接下来要做的是，每划掉一个数字，就在最终答案末尾填一个零。那么最后的结果是1 600 000。

粗略的除法

因为每年有365天，列算式如下：

$$365 \overline{)6212}$$

　　因为是除法，四舍五入后，两个数都比原来大，或者两个数都比原来小。那我们将其变为：

$$400 \overline{)7000}$$

如果算式里有零，接下来要划掉几个零。和乘法不同的是，做除法时，要确保从两个数里同时划掉相同数目的零。这里，我们从每个数中划掉两个，得到：

$$4 \overline{)70}$$

不，除法不用，如果从每个数中划掉的零数量相等，就不用。如果其中一个数太小了，就不能再继续划掉其他的零。这一点有些讨厌，不过生命不就是如此吗？

好，无法再简化了，让我们来解题……

$$
\begin{array}{r}
17 \\
4 \overline{)70} \\
4 \\
\hline
30 \\
28 \\
\hline
2
\end{array}
$$

有个余数2，但是我们才不理会它呢。这不过是粗略计算，所以可以忽略它。那我们就可以自豪地宣布答案了……

特别粗略的计算

有些计算非常粗略，只需考虑一位有效数字，然后再算算有多少个零。在进行特别粗略的计算时，我们不说答案粗略，而说"大约"。

例如，地球离太阳大约100 000 000英里。要计算太阳和离它最近的恒星之间的距离是多少英里，需要知道：

▶ 一光年大约是5 900 000 000 000英里。

▶ 离它最近的恒星在4.3光年以外。

要算出结果，需要把这两个数相乘。但首先，让我们将其四舍五入。我们把一光年算作"6"后面带有12个零。先不把零计算在内，但是要记住这12个零的存在。再把最近的恒星粗略算作4光年以外。

4×6=24，然后再在末尾填上12个零。那么太阳和离它最近的恒星之间的距离大约是24 000 000 000 000英里。如果有人说算的结果跟实际距离相差太多，就让他们自己量量看。这回，他们就不会聒噪了。

最狡猾的符号

我们已经碰到过好几个符号了，这里还要学习一些，先从小数用到的符号开始。

. 小数点

就是用来把整数部分和小数部分隔开的那个小小的点。它就像一个微微上浮的英文句号。如果你主动提出帮人提重1.457千克的东西，注意标清小数点！如果小数点写得像逗号，可是能杀人的！

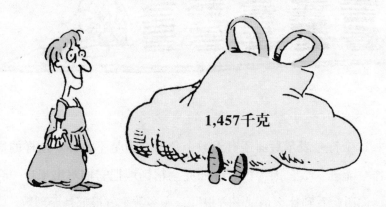

1,457千克

0.416小数部分的一个数字上有一个点

小数最后一个数字上的一个点表示这个数字无限循环。

如果把 $\frac{5}{6}$ 正确地转化为小数，结果是0.83333333……数字3将一路重复下去，直到抵达火星，然后沿途折回。初学者才会这样书写。计算器会显示尽量多个3。但是，聪明的人类不屑于多写一个数字，在第一个3的上面加上一个点，就可以省掉其他所有的3：0.83。

0.571428小数部分的几个数字上共有两个点

有些小数的一组数字无限循环。计算4÷7，会得到0.571428571428571428……这组数字将无限制地重复下去，一路奔向火星，与前面的3发生碰撞，然后改变路线返回。在无限循环那组数的首末两位上画上点表示这组数字不停地重复下去，而不用你花上亿万乃至亿兆年的时间把它们一一都写出来。这个符号颇节约时间，不是吗？

25.87345……小数数字后面的省略号

这个符号表示后面还有无数个数字，但是不循环。这样的数叫作"无理"数，因为没有办法完全精确地把它们写出来！一会儿，你还会看到什么是"平方根"，大多数平方根都是无理数。

> 大于号

这个符号和等号有点儿类似。等式4=2+2，读作"四等于二加二"。5>2+2读作"五大于二加二"。这个符号经常出现在电脑指令里面。例如，如果一个停车场的最大容量是100辆车，就会有这样一个指令编入电脑程序：

"如果车的数量>100，亮起车位已满的标牌。"

≥大于等于号

这个符号本身就解释了自己的意义。假如你正在做拼写测验，10道题中至少要写对5个才能及格。你的得分必须≥5。也可以说你的得分>4。

<小于号

这个符号明显和大于号相反。很久很久以前，异常艰苦的战斗之后，常常会用到这个符号。"如果你带回的俘虏<1，等着投降吧。"

≤（未知符号）

天哪，这是什么意思？很多书里都能找到答案，但是这本书则认为你能凭自己的聪明才智猜出它的意思。如果你猜不出，你脑细胞的数量一定≤0。

% 百分号

人们不愿用分数和小数时，就用百分号。它的意思是"一百个当中"或"每一百个"。那么，50%其实就是50/100。如果你愿意，可以把分子分母都除以50，把50%变成1/2。都是一样的。百分数也能够用小数表示。

只需把数字放在小数点之后。那么，50% 就等于0.5。但是，转化较小的百分数时要注意——如果一个百分数只包含一个数字，如3%，必须在数字前加零：3%=0.03。

！阶乘

这个符号通常表示的是你刚刚阅读的信息很搞笑或很令人惊讶。如果是在某本书中或某个笑话里，这个符号就是感叹号。但是在数学中，这个符号的意义完全不同——其实，它在数学中是个令人激动的符号，因为它也是一个运算符号。和其他运算符号不同的是，它只能用于整数，而且书写时紧接在整数之后，如：11! 它的意思就是 $11 \times 10 \times 9 \times 8 \times 7 \times 6 \times 5 \times 4 \times 3 \times 2 \times 1$。换句话说，这个符号的意思是，把这个数与所有小于它而大于1的整数相乘。

在"排列组合"问题中，阶乘尤其重要。假设你正在写一首流行歌曲，想让题目里出现"喂""棒极了""宝贝"和"对"，有多少种排列方式？

可以排列成"棒极了宝贝对喂"，或"宝贝喂对棒极了"，甚至可以是"喂对宝贝棒极了"。因为有4个不同的词，答案是有4! 种排列方式。可以检验一下——先写出"喂""棒极了""宝

贝"和"对"的组合方式，能写多少写多少，然后再计算出
4×3×2×1的乘积。做完后，打开窗子，对着街道放声高歌。虽
然不是数学，也能夺路人的性命。

　　求概率时也经常用到阶乘。概率用于计算你在骰子游戏中
获胜的概率有多大，或者是在海边被海鸥淋上粪便的可能性有
多少。

那种事情发生的概率
有多大？

　　概率是数学中最有趣的问题之一（同时也是最有魔力的问题
之一）。如果你恰好看到《寻找你的幸运星——概率的秘密》，
一定要读一读。

163

（　）括号

　　做复杂的算术题时，不可能所有的运算都同时进行。方法是
按正确的顺序，一步一步计算。

首先做括号里面的，
然后做乘法和除法，
最后做加法和减法。

看这道题：$3×(2+7)-(4+8)÷(4-2)$

首先做括号里面的，得到$3×9-12÷2$。然后做乘法和除法，得到$27-6$。最后做加法和减法，得到答案21。

如果没有括号，这道题就变成了$3×2+7-4+8÷4-2$。要先进行乘法和除法运算，得到$6+7-4+2-2$，再进行加法和减法运算，那么答案是9。所以，你看出来了吧，有没有括号，差别很大！

平方、立方以及其他次幂

数学中，经常会碰到一个数乘以它本身。描述这种运算有很多方式。如果算术题是$4×4$，可以描述为……

▶ 4的平方。

▶ 4的二次幂。

▶ 如果用数字表示，在4的右上角写上一个小2：4^2。

不管怎样表示，4的平方都是16。（你可能还记得，这就是我们在可怕的乘法表里碰到的"平方数"。）

"立方"就是同一个数相乘3次。那么5的立方就是5的3次幂，也就是$5×5×5$或者5^3，结果都是125。（不要把立方和5的3倍混淆，5的3倍是15。差别大了！）

可以求一个数的任何次幂。"7的6次幂"，就是7^6，即$7×7×7×7×7×7$，结果是117 649。甚至可以计算幂的幂，如2^{3^2}。先算3^2，也就是$3×3$，得9，那么原数就等于2^9，结果是512。

纯粹数学家甚至用幂的幂的幂来描述毫无意义的数，如 $10^{10^{10^{34}}}$，它是10的10次幂的10次幂的34次幂。这个数被叫作 Skewes数，计算出来是个非常大的一个数。如果比这个数还要高些，有些数就变得有点怪异，数学系统就要崩塌。

这有点像核电站的"熔毁"现象。谁也不想到附近野餐。

$\sqrt{\ }$ 平方根

平方根和平方相对。给一个已知数，让你求的那个数自身相乘的乘积是这个已知数。假设已知数为9，9的平方根是3，因为 $3 \times 3 = 9$。或者写成 $\sqrt{9} = 3$。

除非你的计算器有 $\sqrt{\ }$ 键，否则求平方根是非常困难的。就连12这个简单的数，平方根都竟然是3.46410161514……省略号告诉我们，这个数是无理数。

立方根就更加复杂。给一个已知数，让你求的那个数自身相乘3次的乘积是这个已知数。因为 $4^3 = 64$，能够得出 $\sqrt[3]{64} = 4$。但是，求大多数数字的立方根时，你必须要有一个特别好的计算器，上面有大致是 $\sqrt[3]{\ }$ 标志的按键。

如果你觉得好玩，愿意的话，还可以利用小字体的分数来表示根：

$$\sqrt{25} = 25^{\frac{1}{2}} = 5 \qquad\qquad \sqrt[3]{216} = 216^{\frac{1}{3}} = 6$$

现在你可能开始觉得有点无法忍受了。让我们来看最后一个符号，它由三个英文字母组成。

这是数学里写起来最让人高兴的符号了！当你试图证明什么，最后终于觉得证明完整了，就用这个符号。作为例子，我们再来看看邦高·麦克维斐和可爱之极的维罗妮卡·格姆弗洛斯之间的一次相遇。

167

　　其实，QED 来自拉丁语，是 "Quod Erat Demonstrandum" 的缩写，意思是"谨此作答"。如果你连续做了几天天文数字的运算，最后终于可以在后面写上QED了，你心里其实在想"太长了"。写完QED 后，长出一口气，甩掉鞋子，向后躺下，做个好梦。

魔鬼的算术式

"哈哈！"一个熟悉的声音怪笑道，"你觉得现在已经掌握了等式、符号和运算的所有知识了，是吗？"

天哪！魔鬼教授孤注一掷了，要做最后一搏，为了打败你，他居然想出了这么穷凶极恶的办法——魔鬼的算术式！

"看到了吗？图中有8个空格。"教授说，"每个空格中填上1到8之间的一个数，每个数最多只能用一次。"

这很简单。你填入一些数字，很快就开始运算了：

（4+3）× （2-1）- （7+5）÷ 8 + 6 = ?

这是个展现你个人绝技的大好时机！在前面，我们学过怎样以正确的顺序一步一步进行运算。现在你就可以用这种方法做给所有的人看。首先，合上所有的括号，得到

7 × 1 - 12 ÷ 8 + 6 = ?

然后是乘法和除法：

$7 - 1\frac{1}{2} + 6 = ?$

最后完成加法和减法，得到答案11$\frac{1}{2}$。很简单，是吧？

"你算对了。"教授冷笑道，"你的答案真是小得可怜！我填的数字，最后结果是19。你不可能击败我的！"

原来他是想这么玩啊？你当然不会在这样的挑战面前还无动于衷。你能找到方法，把1到8填入算式后，使其结果比教授得到的还大吗？

魔鬼的决斗

你可以用上面那个魔鬼的算术式来挑战你的几个朋友。

你需要：

▶ 一副扑克牌的那40张牌。

▶ 每个玩家一张纸，上面抄有那个算术式（还有足够的空白）。

游戏方法：

▶ 洗牌，然后反面扣下。

▶ 轮流抓牌，翻过来，每次一张。

▶ 每翻一张，把上面的数字填入算术式的一个空格。

（一旦填好，不能更改！）

▶ 所有人都填满了算术式的空格后，开始运算。

▶ 谁的算术式得出的结果最大，谁就是赢家！

（赢得比赛的窍门是，弄懂哪些格应该填大数字，哪些格应该填小数字！）

再次惨败！

哦，不！瞧……

……我们已经到了这本书的末尾了！

正当我们加足马力准备挺进有魔力的数学的深层空间，享受超级乐趣的奢侈之际，我们已经用光了所有的书页了。希望还会在有魔力数学的其他书中相遇，看看它还能带我们进入怎样一个神奇的世界。感谢您与我们同行，其实我们已经走过很长很长的一段路程。我们不仅学会了一些巧妙的招数，笑得也很开心，我们知道了一撮头发到底有多少，而且最重要的是我们还学会了怎么逃生。用基础算术武装了自己之后，我们就敢于直面生活中不可避免会遇到的所有吓人的数字，把它们打扮漂亮后，直接奉还。

当然，总会有人对算术不屑一顾。这种人到处都有……

对于其他人来说，这本书结束得过早了。你本来打算好好享受一下的，却这么快就没了，多讨厌啊！不过，所有美好的事物都会在我们最意想不到的时候完结，不是吗？

就像你刚刚放好一池深深的洗澡水，倒入了很多你最喜欢的泡沫混合剂……

……手里拿着一杯放了两个草莓和两块冰的汽水……

……你干净的内裤正在暖气上慢慢烘烤……

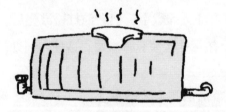

……你夹着那本正读到精彩处的好书，准备继续读。

关上门，脱掉衣服，一条腿搭上去。你小心地把脚趾探进泡沫，慢慢伸进水中。水稍稍有那么一点点烫，烫得让人舒舒服服。嗯……你缓缓蹲下身去，坐进水里。拿起书，躲开泡沫，你刚想舒一口气，突然……